国家一级出版社 | 中国纺织出版社 | 全国百家图书出版单位

图书在版编目（CIP）数据

太阳猫的早餐 / 太阳猫工作室主编．— 北京：中国纺织出版社，2020.3
ISBN 978-7-5180-5481-7

Ⅰ．①太… Ⅱ．①太… Ⅲ．①食谱 Ⅳ．①TS972.12

中国版本图书馆CIP数据核字（2018）第241235号

摄影摄像：深圳市金版文化发展股份有限公司
图书统筹：深圳市金版文化发展股份有限公司

责任编辑：樊雅莉　　责任校对：武凤余　　责任印制：王艳丽

中国纺织出版社出版发行
地址：北京市朝阳区百子湾东里A407号楼　　邮政编码：100124
销售电话：010－67004422　　传真：010－87155801
http://www.c-textilep.com
E-mail: faxing@c-textilep.com
中国纺织出版社天猫旗舰店
官方微博 http://weibo.com/2119887771
北京通天印刷有限责任公司印刷　各地新华书店经销
2020年3月第1版第1次印刷
开本：710×1000　1/16　印张：10.5
字数：131千字　　定价：45.00元

序言

我是一个特别喜欢厨房的人，对我来说厨房和卧室一样重要，它掌控着一个人的心和胃。而厨房里的早餐，代表着一天好心情的开始。

读大学的时候有自己的厨房。即使上午有课，我也会提前爬起来，洗个澡，简单地准备早餐，吃完便背上包出门。世界仿佛还未被惊动，早起跑步的校队已悄无声息从我窗前经过。厨房里，松饼散发出黄油的气息，煎蛋开始呲啦作响，培根在平底锅里性感地扭动。一天的好心情，从热咖啡的香气袅袅中开始。

毕业之后的我，原以为更规律的生活会让早餐延续下去，然而，种种借口将做早餐的兴致搪塞了过去。不光是我，大多数人都是早晨匆忙洗漱、路边随便解决早餐的，或是饿着肚子熬到中午，却忘记了我们所渴望的早晨分明是拉开窗帘时有清晨的阳光，晨跑时耳边呼啸而过的风声，厨房里弥漫开来的香气，还有早晨餐桌上对一天的满怀期待。

于是，这便有了“太阳猫”的诞生。

如果说，做早餐的人是厨房里的天使，那我一定身处于被天使包围的地方。作为“太阳猫”工作室的成员之一，我和小伙伴们一样，每天吃早餐，研发好吃又有创意的早餐，用视频的方式揭开它的制作过程。观众们每天看到的早餐视频只有简短的 1 分钟，但实际上每一条都浓缩着大家数百个 1 分钟的努力。我们希望看到的是观众和太阳猫一同做早餐，养成吃早餐的好习惯，让每个人都能拥有一份精致并且充满正能量的生活。

最值得欣慰的是，努力让我们得到了回报。不少粉丝看到我们的视频后做起了早餐，还晒出了自己的作品来与我们分享。到现在，我准备将太阳猫的早餐在这本书里编排成食谱，让大家学到更系统、更完整的早餐做法。如果你看到这本书，觉得学着有趣，吃着也舒心，那我也就心满意足了。

目录

Chapter 1 早餐从来不是一件麻烦事

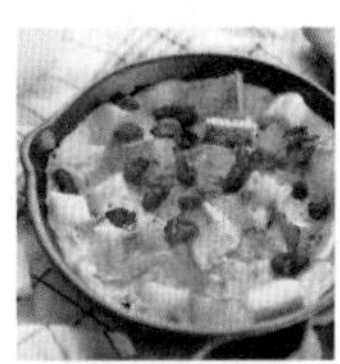

Chapter 2 早餐让日子变得从容不迫

Chapter 3 丰富的小食早餐搭配

Chapter 4 当你和孩子们在一起

Chapter 5 当早餐遇上轻食主义

Chapter 6 明早想喝点什么

Chapter 7 早餐里的小技巧

Chapter 1

早餐从来不是一件麻烦事

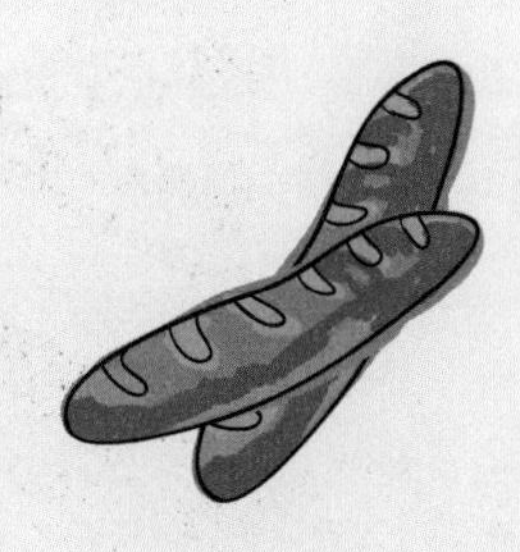

常常被问到：
你每天准备这些得花多长时间呀？
然而，当你发自内心地决定要做早餐时，
你很快就会找到快捷早餐的答案。

2 种可以吃的燕麦杯

制作时间：20 分钟
食用人数：4 人份
难易度：★☆☆☆☆

作者的碎碎念 ■ 食谱来自『一颗白菜』

“有人说，吃酸奶会把酸奶盖都舔干净，
而我感觉，吃酸奶应该把杯子也吃光。
不需要烤箱，
就能用花生酱和巧克力做出一个个可爱又结实的小杯子。
生活就是像这样，
在清晨的餐桌旁和爱人碰一碰杯，
将它们吃得一干二净。”

扫一扫看视频

材料准备

即食燕麦 200 克
花生酱 65 克
黑巧克力 200 克
香草精 1 小勺
牛奶 50 毫升
蜂蜜 35 克

制作步骤

- 将花生酱用微波炉融化，取出加蜂蜜搅拌均匀。
- 倒入一半的即食燕麦里，加入一些香草精，搅拌均匀。
- 将燕麦放进包了保鲜膜的模具中，压实，冷藏 2 小时取出。
- 将黑巧克力、牛奶隔水融化，搅拌匀。
- 倒入另一半燕麦中，搅拌均匀，放入包了保鲜膜的模具中压实。
- 放入冰箱冷藏 2 小时取出即可。

太阳喵语

燕麦杯里能放水果沙拉，还能放酸奶或牛奶，当然也可以直接吃掉哟。如果用碗做模具，就可以做出一个燕麦碗了。

■ 食谱来自
『赧水水 nancy』

作者碎碎念…

“某年夏天，独自在广州旅行的我，走进了一家冰饮甜品店。和我拼桌的戴眼镜的男生挪挪他的东西，礼貌地对我笑笑，他笑起来眼睛像两条弯月牙。很快菜上桌了，刚烤好的金黄色芝士表面膨胀，正诱人地缓缓向下塌陷着。我立马拿出相机向它对焦，刚拍完，听到旁边的声音说：‘你点的番薯也能让我拍吗？看起来很好吃的样子。’是坐我边上的那个男生，手上拿着相机。由这份芝士焗番薯聊起了吃货的话题，那天后来，我们一同品尝了更多的美食，逛遍了广州，和这个男生分离，他将要离开广州奔赴他的东南亚之旅。然而，十天后，我们却意外而又刻意地相遇。”

“很高兴曾经遇见过你，记忆中的那份芝士焗番薯、笑成月牙的眼睛和树梢聒噪的蝉鸣声，都被封存在夏日的广州老城里。”

芝士焗番薯

扫一扫看视频

材料准备

番薯 1 个（约 200 克）
黄油 10 克
淡奶油 30 毫升
蛋黄 1 个
炼乳、芝士碎各适量

制作步骤

1. 将番薯洗净，放入微波炉叮 5 分钟。
2. 取出后切对半挖出番薯肉，保持番薯皮完整。
3. 将番薯肉捣成泥，加入黄油、淡奶油、炼乳，搅拌均匀。
4. 拌好的番薯泥重新填进番薯皮，撒上芝士碎。
5. 表面刷蛋黄液，预热 180℃的烤箱烤 15 分钟即可。

太阳喵语

在选购番薯时，我们可以选择长形的番薯来做这道早餐。较大的番薯要叮 5 分钟，小一点的可以适当缩短时间。注意，红心的番薯比白心的番薯更甜更糯哦。出炉后一定要趁热吃，芝士还能拉丝哦，甜甜的超好吃，推荐你一定要试试。

野山椒狂野担担面

制作时间：20 分钟
食用人数：2 人份
难易度：★☆☆☆☆

作者的碎碎念 ■ 食谱来自『赧水水 nancy』

“妈妈来自四川，爸爸来自湖南，
作为一个湘蜀‘混血’妹子，
‘辣’必然成为我最爱的口味之一。
现在在上海的我，每当想起，不论在四川还是湖南，
即使是在炎热夏季也座无虚席的火锅店，
一种莫名的感动就油然而生。
在平常的忙碌里，
一碗又麻又辣的小面也会成为我的日常美食，
我自己爱吃的担担面不同于传统做法，
与常用的芽菜相比，我更爱野山椒的酸爽和劲辣。”

材料准备

猪肉臊 250 克
野山椒适量
姜片 9 克
面条 200 克
葱末 10 克
蒜片 9 克
生抽 8 毫升
香醋 4 毫升
辣椒油、花椒油、芝麻油各适量
老抽 7 毫升
盐、糖各少许
料酒 8 毫升

制作步骤

- 事先将猪肉臊装入碗中，搅拌片刻。
- 热锅注油烧热，加入姜片爆香。
- 加入猪肉臊，加入料酒，待肉变色后加入老抽和切碎的野山椒。
- 加盐和糖调味，肉臊就做好了，放冰箱密封保存。
- 在小碗里加入生抽、香醋、芝麻油、糖。
- 放入备好的葱末、蒜片，加入辣椒油、花椒油，制成浇汁。
- 热锅注水烧开，加入面条，将面条煮熟。
- 煮好的面条放入碗中，盖一层肉臊，淋上浇汁。

太阳喵语

下肉臊之前可以用手抓匀，酌情加一些水淀粉以防止肉末下锅后结块，放一点油也可以使肉末更加顺滑哦。做肉臊属于准备的工作，在平时，肉臊一次可以多做点，入保鲜盒里放冰箱冷藏可以保存挺久的，随取随用。早上起来只用煮个面条，加上现有的肉臊就完成了，是不是非常快捷呢。

■ 食谱来自『元气 up 兔兔』

作者碎碎念…

“关于泡面似乎平时没有什么特别高大上的吃法，但在过去的大学寝室里，最为蜜汁感人的味觉记忆应该非泡面莫属。室友钟情于干脆面，而我是一个拌面的发烧友。在熬夜备考的日子里，各种泡面有时是孤独寒冷的夜里最温暖的陪伴。很多人说，吃泡面并不是一种健康的选择，但当它出现在我的早餐中时，便和传统吃法就不一样了，而且更健康。”

制作时间：25 分钟
食用人数：1 人份
难易度：★☆☆☆☆

芝士焗泡面

扫一扫看视频

材料准备

泡面 1 袋
香肠、秋葵各 1 根
蘑菇 15 克
灯笼椒 20 克
马苏里拉芝士适量

制作步骤

1. 香肠、秋葵切成片；蘑菇、灯笼椒切成小块。
2. 锅中注水烧开，放入泡面，煮至五成熟，捞出。
3. 将一半的调料粉包加在面条里，搅拌均匀。
4. 把面条放入烤碗，铺上秋葵、香肠、蘑菇、灯笼椒。
5. 撒上芝士，放入预热 180℃的烤箱烤 15 分钟。

太阳喵语

焗泡面用的是泡面包里的调料，如果想要添加其他的口味，调料也可以自己搭配。泡面在第二步还要烤制加热，所以煮的时候不要太熟了哦。做早餐是一个细活儿。

薯片袋意粉沙拉与千层烤薯片

食谱来自
『赧水水 nancy』

作者碎碎念…

“男朋友是个令人嫉妒吃不胖的狂热薯片粉，
家里的零食柜里必定堆有他买来的花花绿绿的薯片，
我也跟着他尝遍了各种各样的口味，
有时也会别出心裁想出一些自创的薯片吃法。
以前在美国的时候，喜欢拿薯片蘸着辣番茄沙司吃，
于是我将薯片袋填上各种低卡的食物，
配上清爽的莎莎酱，上面铺上薯片，
这样既可以裹腹，又尝到了薯片的美味。
而千层烤薯片灵感则是来源于墨西哥小吃里的烤辣味玉米片，
每每吃掉一大份都感到无比的满足。”

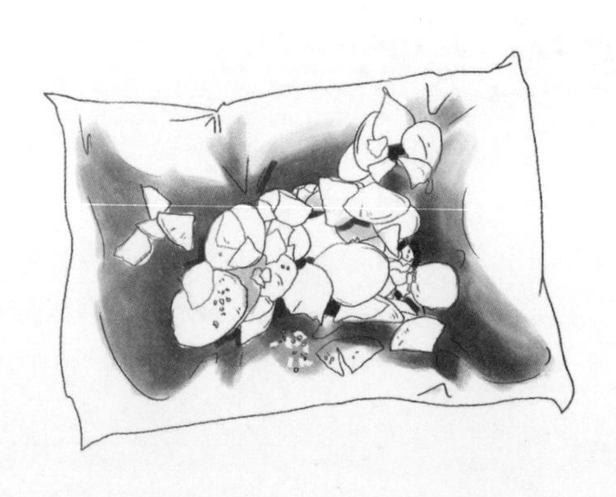

薯片袋意粉沙拉

材料准备

薯片 1 袋
意粉 1 人份
生菜 1 颗
芝麻菜少许
干酪粉少许
莎莎酱 2 大勺

制作步骤

1. 将洋葱、番茄、灯笼椒切碎，取一半打成泥和剩下的混在一起，最后加入黑胡椒、盐、蒜泥和柠檬汁，莎莎酱的部分就完成了。
2. 在薯片袋的肚子上开一个口，将薯片倒出来，填入一些生菜，铺上煮好的意粉，淋上莎莎酱。最后再铺一些芝麻菜，撒上碾碎的薯片和干酪粉。

千层烤薯片

材料准备

薯片 1 人份
莎莎酱 10 克
马苏里拉芝士适量
干酪粉少许

制作步骤

1. 将薯片铺在焗盘里，上面撒一层马苏里拉芝士。
2. 然后再撒一层薯片，放上芝士和干酪粉。
3. 放进预热 175℃的烤箱，烤 15 分钟。
4. 吃之前加一些莎莎酱。

太阳喵语

莎莎酱做好之后特别容易出水，最好是随做随吃呐。如果不喜欢莎莎酱的调味，也可以用其他你喜欢的酱料代替。

■ 食谱来自

『吴韵琴』

作者碎碎念…

“在早餐界一直流传着这样的传说，来自台湾夜市的手抓饼流传到大陆，与煎饼果子、粢饭团、馒头、包子、生煎等一起成为流行一时的便利早点，凭借自身可以混搭鸡蛋、里脊、叉烧、鸡排、培根、香肠、生菜等几乎所有人气食材，又辅以番茄沙司和孜然、香辣、麻辣、甜辣沙拉酱，手抓饼在早餐界风头一时无两。但是早餐界风起云涌、风水轮流转的传统从来不会轻易被改写，没过多久手抓饼就变成了过气网红，悄悄占据着地铁口的方寸地盘。历史的车轮不停转动，不甘心的手抓饼这次又拿出了新的花头——手抓培根鸡蛋挞。看似平静的早餐界暗潮涌动……”

手抓饼版培根鸡蛋挞

材料准备

速冻手抓饼 1 张
培根 1 条
鸡蛋 3 个
大阪烧酱适量

制作步骤

1. 先将手抓饼解冻，由上往下卷起。
2. 用手扯成 3 个小剂子，擀成饼胚的样子。
3. 模具刷油，放入饼胚压实，做成小碗的样子，刷上大阪烧酱。
4. 将培根切成合适的长度，在小碗里围一圈。
5. 逐一打入鸡蛋，放入预热 175℃的烤箱内烘烤 20 分钟。

太阳喵语

手抓饼的模具如果不是不粘模具，记得刷一些橄榄油哦，这样会比较好脱模。根据模具的大小不同，鸡蛋也可以换成鹌鹑蛋，或者选择小一点的鸡蛋哦！再也不用吃无聊的手抓饼了，再配上一些水果蔬菜就更完美了。

芝士米饭糕

制作时间：15 分钟
食用人数：2 人份
难易度：★☆☆☆☆

作者的碎碎念 ■ 食谱来自『元气 up 兔兔』

“说到上海经典早餐，
老上海一定念念不忘的绝对非‘四大金刚’莫属，
所谓‘四大金刚’指的是大饼、油条、粢饭糕、豆浆。
我最喜欢吃粢饭糕，小时候母亲常会在家做。
用家中的隔夜剩饭，第二天清早烹饪油氽成粢饭糕，
不仅解决了家里人的早点问题，也合理利用了剩饭。
算得上是一个精明的上海女人。
作为 90 后，喜欢吃西式快餐，
也眷恋老上海的味道，
这份独创的肉松芝士米饭糕能中和中西饮食习惯的需求。”

材料准备

米饭 1 大碗
黄油 30 克
肉松 10 克
生抽 10 毫升
芝士 1 片
火腿肠 20 克
淀粉 2 克
蛋黄酱、柴鱼片各适量

制作步骤

- 稍微冷却的米饭，加入淀粉和肉松，搅拌均匀。
- 将米饭做出两个芝士片大小的米饭饼。
- 在平底锅里加热一小块黄油，放入一块米饭饼。
- 挤上蛋黄酱并放上芝士片，铺一层切好的火腿肠片，盖上第二块米饭。
- 小火煎香后翻面，沿着锅边倒入一点生抽。
- 出锅后撒上柴鱼片。

太阳喵语

如果喜欢口味比较淡，酱油最好用比较淡的酱油，或者可以兑一点水，沿着锅边倒入，不要倒在米饭上哦。

淀粉在这里的作用是粘合米饭，不要省去哟。

没吃完的米饭还在用来炒饭吗？你可以用它来做一块米饭糕。一大块厚厚的米饭糕从中间切开，在早晨足以让两个女生吃饱啦。

酸辣星星凉粉

制作时间：10分钟
食用人数：1人份
难易度：★☆☆☆☆

作者的碎碎念 ■食谱来自『尘欢』

“酸辣豌豆凉粉是一款非常适合夏季食用的小吃，
对这种小吃的喜爱我感觉是骨子里的。
我的母亲是四川人，嫁给北方的父亲，因此我一直在北方长大生活，在北方当地并没有这种小吃。
记得小时候回外婆家，
第一次吃到这种小吃就将它的味道深深刻在脑海里。
再吃到这种小吃的时候，已经是若干年以后，
但是尝到第一口的时候，脑海里回响起一个声音，是的！
就是这个味道！这是在别处都尝不到的家乡的味道！”
“我的表嫂在当地开了一家小吃店，只卖豌豆凉粉，但是生意异常火爆。每次回去都会到她店里尝尝这熟悉的家乡味道。在思念家乡的豌豆凉粉的时候，可以自己在家做来解馋。”

材料准备

豌豆淀粉80克
水480毫升
大蒜10克
盐3克
陈醋5毫升
生抽5毫升
熟花生少许
朝天椒少许
白糖、芝麻油、辣椒油、花椒油各适量

制作步骤

- 豌豆淀粉和80毫升水混合。
- 400毫升的清水倒入锅中烧开，再加入淀粉水。
- 小火加热、不断搅拌到透明且有气泡。
- 煮好的粉糊倒入容器中，冷却后放入冰箱冷藏到凝固，用模具做成星星状的小块。
- 大蒜切末；熟花生碾碎；朝天椒切碎。
- 将凉粉印成花的形状，装入碗中待用。
- 取一个小碗，放入陈醋、生抽、白糖、芝麻油、辣椒油、花椒油，拌匀制成味汁。
- 将蒜末、辣椒碎、花生碎撒在凉粉上，淋上味汁即可。

太阳喵语

凉粉糊在倒入容器的时候，可以在里面垫一块保鲜膜，使脱模更加方便。冰冰的凉粉遇上火辣辣的红油，早上来这么一碗，又冰又爽。

扫一扫看视频

■ 食谱来自
「禾小疯」

作者碎碎念……

“通常来说，鸡蛋和牛奶基本是每天早餐不可或缺的。”

“溏心蛋、荷包蛋、水波蛋、鸡蛋饼，香蕉牛奶、芒果牛奶、黑芝麻牛奶、燕麦牛奶，一样的食材总有不一样的吃法。”

“最近迷恋上了这款面包布丁，简单快手，比三明治还方便。最重要的是，不用烤箱也能做！”

平底锅版面包布丁

材料准备

吐司 1 片
鸡蛋 2 个
牛奶 80 毫升
葡萄干适量
盐、食用油各少许

制作步骤

1. 将吐司切成粒，放入平底锅烘烤至酥脆。
2. 牛奶、鸡蛋倒入碗中，加入盐，搅拌均匀。
3. 铸铁锅烧热，倒入少许油，加入面包丁。
4. 倒入奶蛋液，加入葡萄干，用小火烘熟，至表面凝固即可。

太阳喵语

面包布丁我们经常在早餐里会遇到，通常都是在烤箱里烤出来的，今天的这个早餐同样能吃到面包布丁，但是没有烤箱的人也能做哦。不过在用平底锅烘面包的时候，非常容易焦掉，记得开小火。

平底锅烘蛋芝士薄饼

制作时间：25 分钟
食用人数：1 人份
难易度：★☆☆☆☆

作者的碎碎念 ■ 食谱来自『陈佳佳话多不大低调』

“鸡蛋和面粉就像一对默契的小夫妻，
分开时各自安好，
在一起时又能碰撞出许多不一样的火花。
这一次，老夫妻也要碰撞出新火花。
我们将芝士烤肠这样的西式食材加入进来，
做法上也有点中西结合的小巧思。
法式烘蛋芝士薄饼，名字听起来有点高大上，
但千万不要觉得做法会很复杂。
简单的几步，
就能让原本常见的食材带来一种全新的味蕾体验，
即便是做菜小白也能轻松应对。”

材料准备

面粉 100 克
烤肠 15 克
土豆 150 克
鸡蛋 1 个
马苏里拉芝士、盐、黑胡椒、大阪烧酱各适量

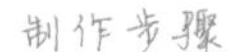

制作步骤

- 烤肠切条。
- 土豆切块，用微波炉叮熟，压成泥。
- 加入盐、黑胡椒，拌匀调味。
- 面粉加入清水，调成稀面糊。
- 热锅注油烧热，倒入稀面糊，摊成薄饼。
- 将火腿条、土豆泥放入，中间挖一个小洞打入鸡蛋。
- 上面盖上芝士碎，把饼的四边折起来，翻面。
- 盛出后刷上大阪烧酱即可。

太阳喵语

面糊用水调开，不要太干，调到舀起一勺可以不间断流下就好了。这份早餐的调料较为简单，如果需要的话，在面糊或者土豆泥里可以增添一些自己喜欢的调味料。喜欢溏心蛋的早餐，便可以稍稍煎一会儿就出锅，还能看见流黄哦。

就想吃碗米线

制作时间：15 分钟
食用人数：1 人份
难易度：★☆☆☆☆

作者的碎碎念 ■食谱来自『Lisa』

“有人喜欢追逐大千世界里数不胜数的美食，
犹如追逐宝藏一般狂热；
有人无肉不欢，有人只爱素食；
有人对着营养表认真计较每一份热量，
有人用炸鸡汉堡填满自己的心和胃。
而对于我来说，
一碗米线可以满足所有的食欲。
闲时在家静静煮一碗米线，
什么追求也抵不过眼前热闹丰盛的这碗米线了。
肉酱米线的做法也特别简单。”

材料准备

米线 150 克
肉丝 100 克
小青菜 40 克
花生米 20 克
豆芽 20 克
高汤 1 碗
生抽 8 毫升
料酒 7 毫升
盐 4 克
辣椒油、醋各适量

制作步骤

- 热锅注油烧热，肉丝下锅，加料酒、生抽和盐，翻炒调味。
- 炒好的肉丝放入冰箱密封冷藏。
- 热锅注水烧开，放入小青菜和豆芽，将其烫熟后捞出。
- 再放入米线，搅拌至米线煮熟。
- 碗中盛入高汤，放入米线。
- 上面盖上肉丝、蔬菜、花生米，倒上辣椒油、醋即可。

太阳喵语

米线是许多地方都有的既美味又接地气的美食，尤其是在云南、江西和湖南，大家都喜欢将米粉作为早餐，做法也多种多样，不光是做成汤米线，还可以有拌米线、炒米线。其实自己在家里做起来也是非常方便的，就像煮面条一样简单哦。

■食谱来自『小××××小』

作者碎碎念…

“每次去外面点美式汉堡，咬一口看见汉堡排里流出的汁，就特别心满意足。吃腻了单一的鸡蛋加面包早餐组合，偶尔想放纵一次。在清晨，给自己和家人做一次充满元气的牛肉汉堡吧！”

牛肉小汉堡

材料准备

餐包 2 个
煎蛋 2 个
牛肉馅 100 克
猪肉馅 100 克
鸡蛋 1 个
洋葱 1/4 个
面包糠 35 克
淡奶油 10 毫升
牛奶 15 毫升
盐、黑胡椒各适量

制作步骤

1. 处理好的洋葱切碎。
2. 洋葱、淡奶油放入平底锅中炒香。
3. 将牛肉馅、猪肉馅装入碗中，加入盐、黑胡椒、鸡蛋、面包糠和牛奶。
4. 再放入炒好的洋葱，把肉馅搅拌均匀。
5. 将肉馅团成肉饼。
6. 煎锅注油烧热，放入肉饼，小火两面各煎 3 ~ 5 分钟，直到两面煎熟。
7. 将餐包剖开，分别夹入一个煎蛋、牛肉饼。

双重拉丝芝士麻薯吐司

制作时间：12 分钟
食用人数：1 人份
难易度：★☆☆☆☆

作者的碎碎念 ■ 食谱来自『茯苓有点儿甜』

“我是一个很爱吃糯米食、喜欢软 Q 口感的人，
糯米的常规做法大家应该都知道，
今天介绍一个冷门但非常好吃的食谱？
有甜有咸，简单小白，看上去又高级！”
“在拉开吐司的瞬间，
芝士的粘连感，
本身就非常能够勾起一个人的食欲，
如果搭配上一杯牛奶，
就是一份秋冬让人满足的淡甜早餐了。”

材料准备

糯米粉 30 克
牛奶 60 毫升
白糖 15 克
吐司 2 片
马苏里拉芝士适量
黄油、蜂蜜各少许

制作步骤

- 牛奶、糯米粉、白糖倒入碗中，搅拌至无颗粒。
- 放入微波炉叮 2 分钟，拿出来会变成半透明的样子。
- 黄油与蜂蜜混合匀，放微波炉溶化。
- 吐司切片，把黄油蜂蜜均匀涂在上面。
- 另取一片吐司，将之前做好的糯米糕涂在上面。
- 撒上厚厚的马苏里拉芝士。
- 盖上另一片吐司。放入烤箱，180℃烤大约 5 分钟。

太阳喵语

如果家里没有烤箱，可以参考另外的一种吃法哦。就是把马苏里拉芝士替换成肉松，做成咸味的麻薯肉松吐司。按照同样的方法，吐司夹入麻薯和肉松就可以直接吃啦，用微波炉高火1～2分钟加热一下，吃起来会更软呢。

我平时都不爱吃太甜的，如果吐司本身有甜味，麻薯在制作的时候也可以不用放糖哦。吐司抹花生酱再加上麻薯的版本，味道应该也很不错。

■ 食谱来自「山下制酒」

作者碎碎念…

“电饭锅作为一种普通的家用厨房电器并没有什么亮点，大多数时候它都是安静地待在厨房一角默默煮饭。但是对于学生来说，它却有着特殊的意义。宿舍里藏一只电饭锅就相当于打开了一扇新世界的大门，机灵的学生用它来改善伙食，煎炸涮煮无所不能。今天来分享一个有趣快速的电饭锅食谱。”

制作时间：30 分钟
食用人数：2 人份
难易度：★☆☆☆☆

腊肠焖饭

扫一扫看视频

材料准备

大米 150 克
广式腊肠 100 克
干香菇 10 克
酱油 10 毫升
黑胡椒、盐、白糖各少许

制作步骤

1. 热锅注油烧热，倒入腊肠（切片）、香菇（提前泡发），放在锅里炒香。
2. 中途加入酱油、盐、白糖、黑胡椒，炒匀。
3. 将炒好的腊肠和香菇连同生大米放入电饭煲。
4. 注入适量清水。
5. 开启煮饭模式，将米饭焖熟即可。

太阳喵语

超快手的电饭锅食谱，早上起来先在锅里煮上，洗漱完了就可以吃，就算是只有电饭锅的学生也可以做的。在做这份早餐时，腊肠和香菇也可以不用炒锅，直接放入电饭锅煮熟即可。

日式冷乌冬面

制作时间：15 分钟
食用人数：1 人份
难易度：★☆☆☆☆

作者的碎碎念 ■ 食谱来自『赧水水 nancy』

“他说，两年前，他也常来这家店。没有看菜单，陈先生就说，来两份冷乌冬。其实我没吃过冷乌冬面，也没看懂端上的葱花芝麻芥末和一碗汤是什么意思，只差没有喝一口。”

“第一次来这家店，点的就是冷乌冬面，菜上来了也不知道怎么吃，直接夹起面就吃了，最后老板实在看不下去了，才小声提醒我说，最好是夹一点面蘸进汤汁里吃哦。后来吃过这店里其他菜，但还是觉得他们的素面最好吃。’陈先生边说完，边把面放进嘴里。”

“在还沾点暑气的初秋，吃上这样一盘清淡的素冷面真是安逸。”

材料准备

乌冬面 1 人份
木鱼花 100 克
昆布小片
味淋 10 毫升
水 1000 毫升
葱花、白芝麻、芥末各适量
日式酱油 15 毫升

制作步骤

- 用水浸泡昆布 4 小时，取出。
- 热锅注水烧开，放入木鱼花、昆布煮沸。
- 加盖焖半小时，将汤汁过滤出。
- 加入味淋、日式酱油，放入冰箱冷藏 2 小时。
- 锅中注水烧开，放入乌冬面，将其煮熟。
- 将煮好的面捞出过凉开水，放入冰水浸泡。
- 吃的时候盛一小碗昆布汁，将葱花、白芝麻和芥末放入，面条蘸入食用。

太阳喵语

昆布和木鱼花的汤汁在日本称作“出汁”，在很多日本料理中都会用到。出汁在过滤的那一步就已经完成了，记得冷藏密封保存，可以分几次用完哦，但建议存放不超过一周。

冷乌冬面的口感讲究筋道，时间不要煮过长，而且要充分过凉才好吃。之前把调味汁准备好，早上起来只要把乌冬面煮熟后过凉，就能吃了。

花边披萨

制作时间：30 分钟
食用人数：4 人份
难易度：★☆☆☆☆

作者的碎碎念 ■食谱来自『钟小鸭Z』

“飞饼，是来自印度首都新德里的独特风味食品。
飞饼分为两层，外层浅黄松脆，
内层绵软白皙，略带甜味，嚼起来层次丰富，
一软一脆，口感对比强烈，嚼过之后，齿颊留芳。
喜欢上它，其实源自于这个‘飞’，充满想象，
意境无穷。于是尝试让飞饼与各种美味结合，
有失败也有成功。但当飞饼与披萨碰撞，
完美融为一体，心情瞬间得到释放。
这就是我与飞饼披萨的故事。来吧，让我带你飞。”

材料准备

手抓饼 3 片
火腿肠 2 根
蘑菇 3 个
香肠片适量
土豆 100 克
豌豆 20 克
马苏里拉芝士、披萨酱各适量

制作步骤

- 蘑菇切成片；土豆切丁。
- 手抓饼解冻后，将两张叠在一起擀平，放在油纸上。
- 另外一张将火腿肠卷起，切成1厘米厚的圆柱形，摆在飞饼边缘。
- 在飞饼中间刷上披萨酱，撒上少许芝士。
- 铺上香肠片、蘑菇、土豆、豌豆，再撒上芝士。
- 放入预热至 200℃的烤箱里烤制 20 分钟。

太阳喵语

这款披萨做起来非常方便，平时我们做披萨的时候，要揉面发酵做披萨底，常常要花上一两个小时，而用飞饼代替了披萨底，不光带来了酥软的口感，还节省了很多时间哦。

扫一扫看视频

■ 食谱来自「元气 up 兔兔」

作者碎碎念…

“这是一道隔着屏幕就能隐约闻到香甜气息的早餐——荷兰松饼，这种煎饼外面脆脆的，烘烤上一层白糖（有些店的荷式松饼还有微微的咖啡味），里面则夹了焦糖或蜂蜜，吃起来多种滋味一起爆发，对我来说是来荷兰必吃的食物之一。搭配无花果等水果一起吃，润嗓利咽，是绝赞的美味！”

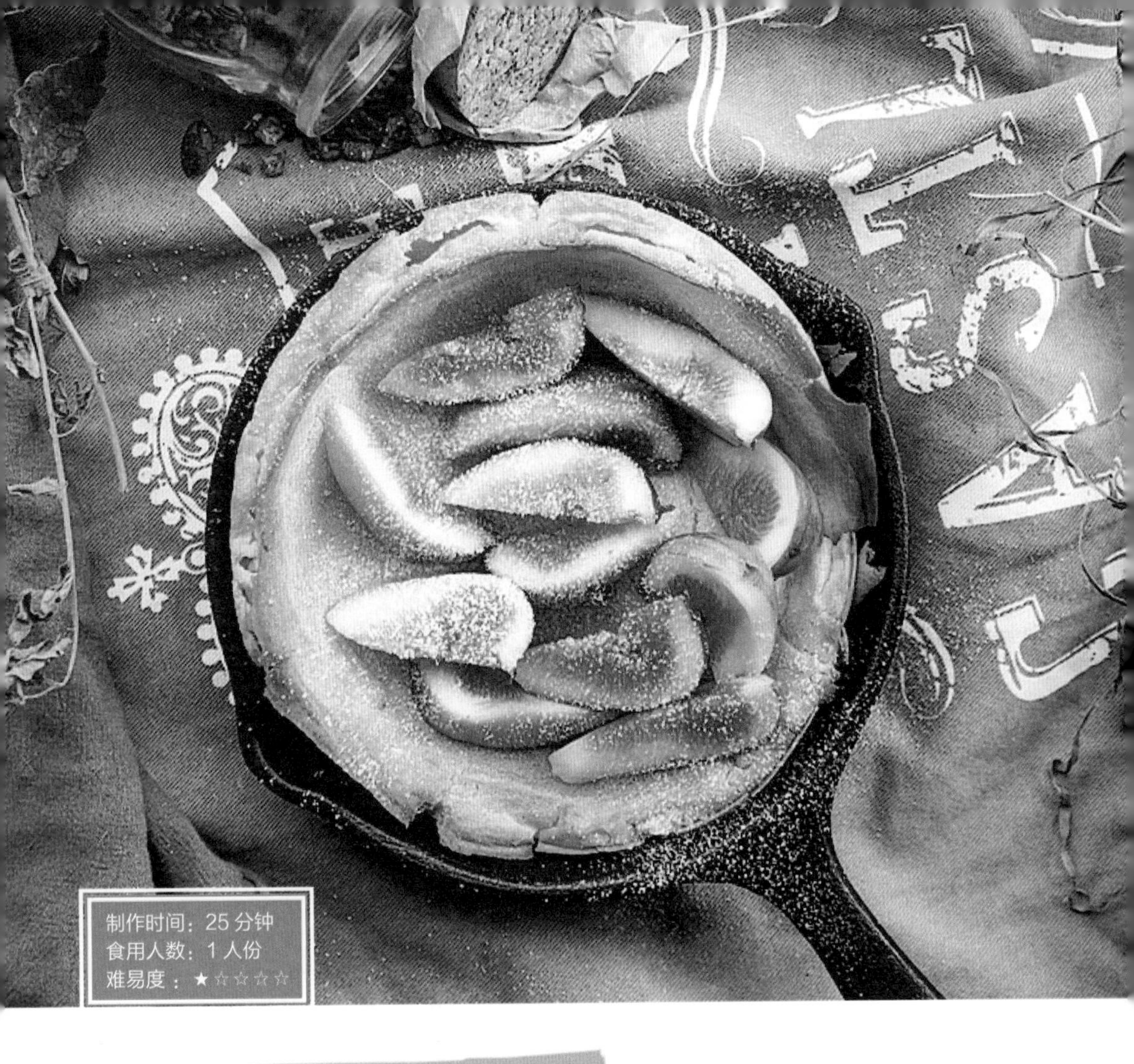

会长高的荷兰松饼

材料准备

面粉 60 克
鸡蛋 2 个
黄油 15 克
牛奶 60 毫升
无花果 120 克
糖粉、盐各适量

制作步骤

1. 将铸铁锅放入烤箱预热 180℃。
2. 鸡蛋、黄油、牛奶、盐装入碗中，搅打混合。
3. 筛入过筛后的面粉，搅拌均匀。
4. 将铸铁锅取出，另取一块黄油抹在已经预热的锅上。
5. 然后倒入面糊，迅速放入已经预热好的烤箱。
6. 180℃烘烤 15 分钟至边缘金黄。
7. 取出放入切好的无花果，撒上糖粉即可。

太阳喵语

荷兰松饼的制作要诀就是一定要将铸铁锅提前预热，抹上黄油后倒入面糊，立即放入烤箱中，形成一个很连贯的动作，这样才能保证松饼在烤箱里自然膨胀得好看又好吃！

芝士年糕与泡菜培根年糕卷

■ 食谱来自
「赧水水 nancy」

作者碎碎念…

“身边的很多人都爱吃年糕，我也不例外。
中式的毛蟹年糕、各种搭配的炒年糕，
韩式的泡菜年糕，日式的红豆年糕汤，
另外还有火锅年糕、烤年糕、芝士年糕，怎么做都好吃。”

芝士年糕

材料准备

年糕条适量
芝士片 2 片
白芝麻适量
食用油少量
烧烤酱少量

制作步骤

1. 热锅注水烧开，放入年糕，煮熟。
2. 将煮好的年糕捞出，插上牙签。
3. 刷一些食用油和烧烤酱，盖上芝士片。
4. 放入微波炉高火 2 分钟，取出后撒上白芝麻即可。

泡菜培根年糕卷

材料准备

年糕 1 长条
培根 4 片
泡菜适量
白芝麻适量

制作步骤

1. 年糕切成片，待用。
2. 锅中注水烧开，放入年糕，煮 5 分钟。
3. 将年糕片和培根重叠卷起来，用牙签固定好，切条。
4. 放入烤碗后撒白芝麻，放入预热 175℃的烤箱烤 25 分钟。
5. 出炉后浇上泡菜汁，盖上泡菜即可。

太阳喵语

如果家里只有小年糕条，也可以用培根将煮熟的小年糕条裹起来，再入烤箱烤熟。

Chapter 2

早餐让日子变得从容不迫

她就像一个慢条斯理的好脾气姑娘，
厨房里的悠然自得，
是她在为日复一日的平凡日子，
注入精致而从容的力量。

抹茶水晶小奶粽

制作时间：90 分钟
食用人数：3 人份
难易度：★☆☆☆☆

作者的碎碎念 ■ 食谱来自『陆小鹿』

“去买粽叶的时候，
菜场的阿姨惊讶于我会包粽子，
这也许与我在端午节出生有关。
以前每到端午开始包粽子的时候，
我就会拿个板凳坐在奶奶边上，
扯几片芦苇叶子，捞几把糯米，
长大后，糯米换成了西米，
自己学会了做奶黄馅，
我也找到了我最爱的粽子吃法。”

材料准备

白糖 200 克
牛奶 100 毫升
鸡蛋 2 个
融化黄油 50 克
面粉 50 克
西米、粽叶、
抹茶粉、
橄榄油各适量

制作步骤

- 白糖、鸡蛋、牛奶、黄油、面粉装入碗中，搅成面糊。
- 放入微波炉加热，每 3 分钟拿出来搅拌一次，大约第四次奶黄馅就完成了。
- 西米内加入少许清水，拌匀，加一些橄榄油。
- 取出一半西米装入碗中，加入抹茶粉，拌匀。
- 将粽叶折好，先放一点绿色西米，再放奶黄馅。
- 最后放白色西米，将粽子折好。
- 热锅注水烧开，放入粽子，将其煮熟即可。

太阳喵语

西米在包之前，提前混入一点点橄榄油，可以防止西米粘在粽叶上。西米打湿只需少许水，如果水多了得把水沥干净，不能让西米泡发了哟。

粽子这样的食物适合一次多包一些，煮熟后放入冰箱冷冻，早上需要吃的时候重新加热回温就好了。对于有储备的人来说，早餐起来煮粽子吃也会变得非常快捷呢。

扫一扫看视频

地中海风情海鲜藜麦饭

制作时间：25 分钟
食用人数：1 人份
难易度：★☆☆☆☆

作者的碎碎念 ■ 食谱来自『赧水水 nancy』

“《碧海蓝天》——这是一部我很久以前看过的电影，
电影最后歇斯底里的呼喊，
让谧蓝的海水成为了约翰娜无边的绝望，
从那一刻起，地中海白色的房子，
蔚蓝的海洋，就深深地映在了我的脑海里。”
“地中海的风总是散发出海洋的气息，
最初想到这份海鲜藜麦饭，
是源于充满了西西里风情的西班牙海鲜饭，
同时也结合我自己爱吃的藜麦，
就成了一道非常健康的主食了。”

材料准备

藜麦 200 克
高汤 300 毫升
胡萝卜 40 克
洋葱末 30 克
白蘑菇 13 克
鱿鱼圈 20 克
海虾 30 克
蛤蜊 30 克
欧芹碎、
迷迭香各少许
盐 3 克
黑胡椒、
橄榄油各适量

制作步骤

- 高汤注入锅中煮开，放入处理好的海鲜煮 3 分钟，捞出待用。
- 平底锅烧热橄榄油，倒入洋葱末，炒香。
- 倒入藜麦，加入准备好的高汤。
- 加入盐、黑胡椒、欧芹碎、迷迭香，搅拌均匀。
- 煮大概 10 分钟，加入海鲜、胡萝卜、白蘑菇。
- 充分翻炒均匀，大火最后收汁即可。

太阳喵语

高汤第一次不需要加太多，盖过藜麦就行，等快烧干了可以再添加。藜麦熟得比较快，是一种非常健康的粗粮主食，直接下锅煮熟也只需 15 分钟左右，比米饭会快很多哟。

柠檬是地中海菜系中常常出现的元素，在吃之前可以加一些柠檬汁，如果有帕玛森干酪也可以撒一些。

扫一扫看视频

■ 食谱来自「一颗白菜」

作者碎碎念···

“说起牧羊人派，在大学时候，室友兼好友就跟我“吹”其美味了。当时没有做东西吃的条件，这个想象中的美味就成了一个约定，说总有机会做给我尝尝。大学毕业了，我们一起来到上海，一起合租，继续做室友，可是她给我做过醋溜白菜，给我做过番茄鸡蛋，冬至给我包过饺子，就是没有吃到牧羊人派。再后来，她去了杭州定居，我一个人留在上海，也终于拥有了自己的厨房，我照着回忆里大学时候她跟我讲的，自己试着做了一次，原来真的挺好吃的。后来我常常做，还做了很多改进，将土豆换成了我喜欢的番薯，肉馅的配方也做了一些调整。好朋友给我的食谱，吃了也会开心。”

新牧羊人派

材料准备

猪肉末 200 克
洋葱 60 克
番茄 200 克
西葫芦 50 克
料酒 6 毫升
橄榄油 5 毫升
黑胡椒、盐、百里香、
肉桂粉、高汤各适量
番薯 2 个
黄油 1 小块
水适量

制作步骤

1. 将橄榄油、料酒加入肉末，搅匀。
2. 洋葱切碎；番茄、西葫芦切丁。
3. 热锅下油，倒入洋葱，将其煸香。
4. 加入肉末，翻炒至变色，加入肉桂粉、盐、黑胡椒。
5. 再加入百里香，稍微翻炒一下。
6. 放入番茄丁、西葫芦丁，倒入高汤至没过食材。
7. 继续焖煮到水分收干，盛出倒入烤碗中 1/2 的位置。
8. 锅中注水烧开，放入番薯，将其煮熟。
9. 将番薯去皮，趁热加入小块黄油，捣成泥。
10. 把番薯泥平铺在做好的肉末上，用叉子在表面叉出纹理。
11. 放入预热 200℃的烤箱内烤 25 分钟左右即可。

荷叶莲子糯米鸡

制作时间：50 分钟
食用人数：4 人份
难易度：★☆☆☆☆

作者的碎碎念 ■ 食谱来自『赧水水 nancy』

“第一次去广州时，我是作为沙发客住在别人家里，沙发主很热情，我跟着她，还有当地的好朋友，一起品尝了很多粤式美食，当然也不排除广式早茶了。
粤式早茶品类很多，沏一壶茶，一道道吃下来，能悠悠打发一上午时间呢。
早茶平日在餐馆里很容易就能吃到，想必大家并不常在家自己做，也不了解其中的做法，这次我向大家介绍粤式早茶特别版，其中也有一些改动，不一定地道，但一定合自己的心情，大家也可以自己在家里做哦 ~”
“今天要说的糯米鸡是我吃早茶每次必点的，在燥热的夏日里，我会添加一些清热的莲子，荷叶的清香渗入糯米，还有红葱头的辛香、香菇的清鲜，蒸制的过程让所有的味道包裹在一个小荷叶袋里。”

材料准备

糯米 250 克
莲子 150 克
小烧鸡 300 克
香菇 15 克
虾米 15 克
红葱头 25 克
干荷叶 4 张
生抽 10 毫升
胡椒粉、
盐各 3 克

制作步骤

- 干荷叶洗净隔夜泡软。
- 糯米浸泡 1 个小时，将其蒸 20 分钟左右至熟。
- 香菇泡 1 小时，切碎。
- 莲子放入开水中，将其煮熟。
- 备好的小烧鸡取肉撕碎。
- 红葱头切碎，下入热油锅中煸炒。
- 炒香后加入虾米、香菇丁、鸡肉。
- 注入少许清水，加入生抽、盐和胡椒粉，搅拌调味。
- 续煮到收干汁，倒入熟糯米里，加入莲子一起拌匀。
- 泡好的荷叶去柄，哑光面朝里包上糯米饭。
- 再放入蒸锅蒸 15 分钟即可。

太阳喵语

糯米性温，在夏季里，加入一些凉性的莲子可以很好地起到中和作用。而且糯米不容易消化，不建议消化功能不好的人吃太多哟 ~

扫一扫看视频

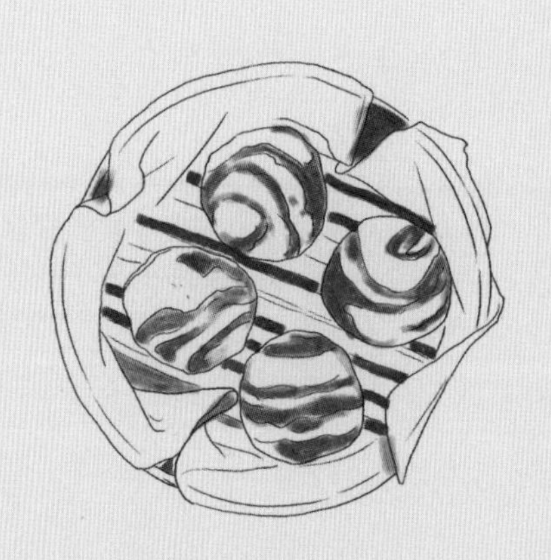

■ 食谱来自
「赧水水 nancy」

作者碎碎念…

“我在湖南长大，包子就是包子，包子是有馅的，馒头就是馒头，馒头里面什么都没有。来到上海这边，发现江浙沪一带馒头可以叫馒头，包子也可以叫馒头，甚至馒头也有人叫包子，因为他们并不会把它们分清，真是奇怪。”

“流沙包应该是我最喜欢的包子种类了吧，带有咸蛋黄的咸，又有甜的奶香味，很多人都分不清流沙包和奶黄包，实际上它们的外观是一样的，只是奶黄包不带有咸味罢了。作为一个南方人，做包子面点这种要揉面的活我并不怎么擅长，之前做过大理石芝士蛋糕、大理石烤蛋糕，还见过大理石馒头，可就是没见过大理石包子呢。于是我做了两种颜色的面团，放上了我最喜欢的馅料，大家也可以试试呢。”

抹茶双色流沙包

扫一扫看视频

材料准备

面粉 160 克
水 80 克
酵母 5 克
白糖 10 克
吉士粉 10 克
抹茶粉 10 克
咸蛋黄 2 个
黄油 50 克
糖粉 30 克
炼乳 20 毫升
吉士粉 20 克

制作步骤

1. 咸蛋黄、黄油、糖粉、炼乳、吉士粉搅匀，分成 6 份，冷冻 1 小时；酵母放入温热的水中溶化静置 5 分钟。
2. 面粉、白糖、吉士粉分成两份，分别混合，其中一份加入抹茶粉；再分别加入一半量的酵母水揉成面团。
3. 放在温暖处发酵 40 分钟至两倍大，擀平呈圆饼状。
4. 两个圆饼重叠，卷起成长条，再从长条的一头把面团盘起来，然后再捏成长条，切成六个小剂，稍微擀开。
5. 包入之前冷冻好的馅料，放进蒸锅大火蒸 10 分钟。

太阳喵语

包子放入蒸锅后可以先静置 20 分钟二次发酵再蒸。

紫晶虾包

制作时间：50 分钟
食用人数：2 人份
难易度：★☆☆☆☆

作者的碎碎念 ■ 食谱来自『赧水水 nancy』

虾饺是很多人爱吃的一道粤式小吃，
我第一次吃虾饺是在广州，当时在店里点了一碗鸳鸯面，
虽然我并不知道鸳鸯面是什么。
面上桌后我尝了一个我自认为是云吞的小东西，
然后对我朋友说："恩，这云吞还挺好吃的。"
朋友听了一脸嫌弃的表情对我说："你刚才吃的那个是虾饺吧。"
那时候我才知道，那个薄皮剔透的小玩意是虾饺，
那家店里的鸳鸯面就是汤里有云吞和虾饺的面条。
平时我们吃的虾饺都是蒸出来的，
今天这个虾饺看起来像小笼包一样，外皮有淡淡的紫色，
是用紫甘蓝水做成的，口感和虾饺一模一样，我叫它紫晶虾包。

材料准备

澄粉 100 克
土豆淀粉 35 克
紫甘蓝 100 克
虾仁 100 克
笋 100 克
淀粉 10 克
胡椒粉、盐、芝麻油、白糖各适量

制作步骤

- 热锅注水烧开，放入笋，氽去涩味。
- 将笋捞出，与虾仁一起切碎。
- 笋与虾肉装入碗中，再加入淀粉、胡椒粉、盐、芝麻油、白糖，搅拌均匀。
- 紫甘蓝切小，放在沸水里煮开，滤出紫甘蓝水。
- 澄粉、土豆淀粉一起装入碗中，混匀。
- 沸紫甘蓝水倒入，快速搅拌均匀，制成光滑的面团。
- 将面团揉成长条，切成小剂子。
- 将小剂子擀成面皮，包入之前做好的馅料。
- 蒸锅注水烧开，上锅蒸 10 分钟即可。

太阳喵语

虾饺是个讲究活儿，在做皮的时候，和面的水一定要是沸水才能把面烫熟，否则就做不成虾饺的面团了。此外，加水的时候一次不需要加太多，可以少量分次加入，边加边搅拌。虾饺皮一定要擀得够薄，包出来的虾饺口感才好。

虾和笋都是发物，容易过敏的人群需要注意哦。

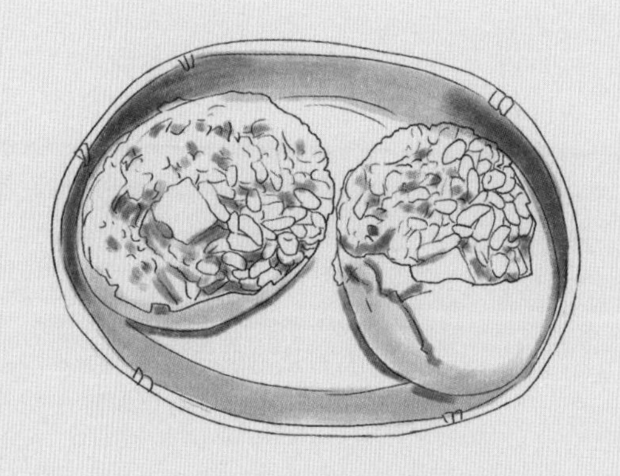

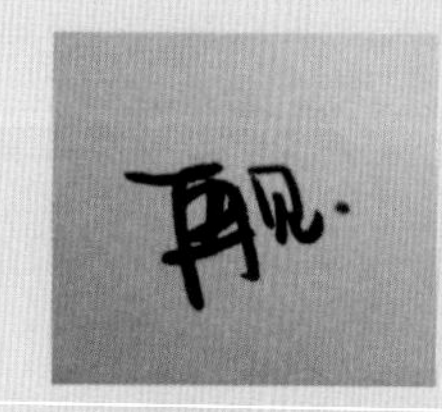

食谱来自

『冇你 冇我』

作者碎碎念…

“记忆里，从小家里吃咸鸭蛋，老爸就会先把蛋黄放一边给我吃，他只吃蛋白，我每次问他蛋黄多好吃啊，为什么不吃？老爸都会说：‘我不喜欢吃！’”

“长大后，我知道了，其实，老爸也爱吃咸蛋黄的，只是因为我喜欢吃，他都给我吃！”

“后来，我有了个小孩，她也超级喜欢吃咸蛋黄，不吃蛋白！而我，只能默默地把蛋黄给她吃，再把蛋白……丢了！”

“爱吃糯米，爱吃咸鸭蛋黄，我想，这糯米蛋……”

“故事很长，我长话短说，我超级爱……超级爱……”

咸蛋抱糯米

材料准备

糯米 50 克
培根 15 克
玉米粒 10 克
咸鸭蛋 3 个
盐、生抽、白糖各适量

制作步骤

1. 糯米在清水中浸泡一晚，加入生抽、盐、白糖、切好的培根碎和玉米粒，搅拌均匀。
2. 咸鸭蛋敲一个小口，把蛋白倒出来，蛋黄留在里面。
3. 将拌好的糯米灌进去，用锡纸包住。
4. 蒸锅注水烧开，放进蒸锅蒸 50 分钟即可。

太阳喵语

戳鸭蛋的时候建议从鸭蛋小的那一头戳破，蛋清会比较容易流出来。而且开口不要太大，注意不要把蛋黄漏出来了哟。推荐你一定要试试这个食谱，好吃到没朋友！

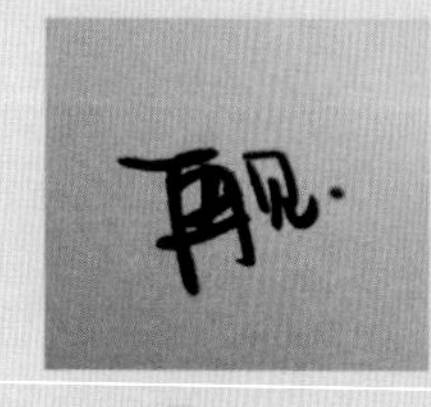

■食谱来自「冇你 “冇我」

作者碎碎念···

“我在一个公众号里看见过做法推送，因为做起来麻烦，我打算周末做的。然后人家比我提前发了，我马上拔草吃了那款，实在口感不适合我，做起来也比较麻烦，材料又多。这次研究了一个简单又好吃的！没想到成功了！特别说明一下，如果没有黑米粉，可以用 3 克竹炭粉、150 克面粉，其他不变！”

黑米煤球

材料准备

黑米粉 100 克
面粉 50 克
白糖 50 克
酵母 2 克
泡打粉 2 克
食用油少许

制作步骤

1. 黑米粉、面粉、白糖、酵母、泡打粉装入碗。
2. 边搅拌边加水，将其充分搅拌均匀。
3. 模具里涂一层油，倒入黑米粉糊，发酵 1 小时。
4. 蒸锅注水烧开，放入模具中火蒸 15 分钟。
5. 关火后再闷 2 分钟，蒸好之后倒扣脱模。
6. 凉了之后用粗吸管扎煤眼。

太阳喵语

要说它是什么味道，那其实就是黑米发糕的味道啦！黑米的香里带着淡淡的甜味，不仔细看还真以为是个煤球。

北欧风情肉桂卷

制作时间：45 分钟
食用人数：8 人份
难易度：★☆☆☆☆

作者的碎碎念 ■ 食谱来自『赧水水 nancy』

“每过几个月，
就会特别想吃肉桂卷。
某个小成本的电影里遇到这款圆圆的小面包之后，
就开始了我的肉桂卷之路。
每次做肉桂卷的时候，
厨房里都会弥漫着浓郁的香气，
感觉生活真美好。
我的开心面包。”

材料准备

高筋面粉 250 克
鸡蛋 2 个
牛奶 100 毫升
酵母 7 克
肉桂粉 2 大勺
盐 3 克
红糖 20 克
细砂糖 20 克
黄油 60 克
糖粉少许

制作步骤

- 牛奶加热到 30℃，倒入干酵母静置 10 分钟。
- 45 克黄油加热至融化，加入高筋面粉。
- 倒入鸡蛋、细砂糖，盐，混合搅拌均匀。
- 加入牛奶酵母混合物，混合均匀，揉面到有弹性不粘手，盖上保鲜膜发酵1小时左右到两倍大。
- 将 15 克黄油融化，加入红糖、肉桂粉，搅拌均匀，制成内馅。
- 砧板上撒一点面粉，将发酵好的面团擀开。
- 抹上内馅，将面团朝一个方向卷成一条，均匀切成八等份。
- 排列在烤盘里，盖保鲜膜二次发酵半小时。
- 在顶部刷鸡蛋液。
- 放入预热 180℃的烤箱烤 25 分钟左右，取出。
- 吃之前再筛上糖粉即可。

太阳喵语

肉桂卷是一款对揉面要求并不高的面包，面团在揉的时候刚开始会觉得有些湿润粘手，揉一段时间就会光滑有弹性。

扫一扫看视频

虾仁炒算盘子

制作时间：20 分钟
食用人数：4 人份
难易度：★☆☆☆☆

作者的碎碎念 ■ 食谱来自『靓水水 nancy』

“第一次听到算盘子我简直是一头雾水，
一个朋友带我去餐馆点了这道菜，
她说我若喜欢吃芋圆，就一定要尝一尝。
据说这是一道客家菜，把芋圆和其他菜炒在一起，
而那芋圆又长得神似一颗颗的算盘上落下来的珠子。
然而，真有一种叫做算盘子的植物，
它结的果子可就和算盘的珠子还有这芋圆长得一模一样。
所以我也不大清楚算盘子这道菜到底是来源于那种植物呢，
还是我们敲的算盘。不过总的说来，
这算盘子吃起来 Q 弹有劲，
还有一股芋头的香味呢。”

材料准备

香芋 150 克
木薯淀粉 80 克
香菇 20 克
胡萝卜 150 克
虾仁 130 克
小葱适量
生抽 10 毫升
盐、白胡椒粉各少许

制作步骤

- 香菇切成片；胡萝卜去皮切成丁。
- 芋头放入蒸锅，将其蒸熟。
- 蒸好的芋头放凉，去皮，压成泥。
- 加入木薯淀粉，稍微加点水揉成面团。
- 揪成小剂子，捏成算盘子的形状。
- 热锅注水烧开，将算盘子倒入。
- 煮好的山盘子捞出，过凉水，待用。
- 锅中注油烧热，加入香菇、胡萝卜，炒香。
- 放入虾仁和煮好的算盘子，翻炒至熟。
- 加入盐、白胡椒粉和生抽，翻炒调味，撒上小葱即可。

太阳喵语

通常来说，做算盘子的芋头用的是香芋，如果没有买到香芋，芋艿也是可以的，不过加入的木薯粉可能要更多。在揉面团时，面团越干，算盘子就会越硬越筋道。

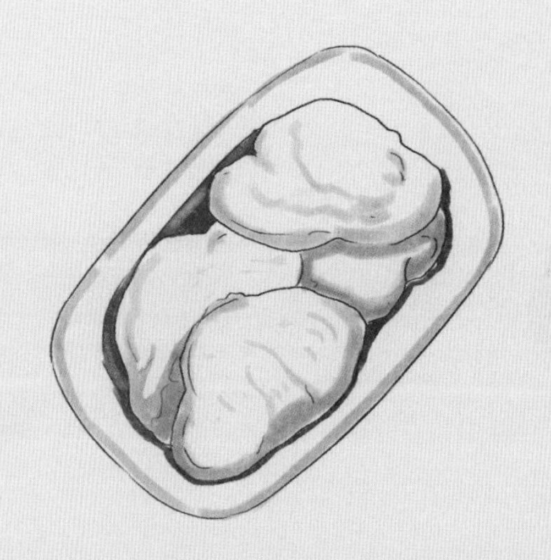

■ 食谱来自「吴韵琴」

作者碎碎念…

“我做了一只云朵面包，但是并没有想象中那样梦幻唯美。看见的人都以为我做的是炸鸡排，真的是毫无尊严可言的面包。虽然如此，依然还是很好吃，可以蘸巧克力酱吃，泡奶吃，夹果酱吃。我很丑，但是我很好吃。”

云朵面包

材料准备

鸡蛋 3 个
白醋 5 毫升
奶油奶酪 50 克

制作步骤

1. 将蛋黄、蛋清分离，蛋清内放入白醋，打发到硬性发泡。
2. 将奶油奶酪放在室温下软化，加入蛋黄，打到顺滑。
3. 将一大勺蛋清舀入蛋黄，再将蛋黄倒入蛋清全部混合。
4. 烤箱预热 150℃，铺上刷了油的油纸。
5. 将蛋糊做成六个饼，在烤箱内烤 35 分钟左右到表面金黄色。
6. 再静置烤架上冷却即可。

太阳喵语

制作此款面包的关键步骤在于蛋白和蛋黄的打发，一定得掌握好打发的程度。白醋能加快蛋白的打发速度，切记不要贪多哦！

Chapter 3

丰富的小食早餐搭配

没有早餐的早晨大多相似，
拥有早餐的早晨却各有各的不同。
清晨餐桌旁的小小心意，
是对自己和爱人问候的最好方式。

无油可乐饼

制作时间：40 分钟
食用人数：1 人份
难易度：★☆☆☆☆

作者的碎碎念

■ 食谱来自『元气 up 兔兔』

“因为看了《对不起青春》，
就特别想吃可乐饼，外脆的皮卡兹一口咬下去，
里面的土豆馅烫嘴却又柔软，特别的带感！
其实在日本，可乐饼和章鱼小丸子一样受到欢迎，
但是却与章鱼烧面丸有一个很大的区别，
可乐饼并不是日本的传统食物，而是西方的舶来品。
可乐饼据说是从法国传入日本，在日本兴旺发达起来。
名字取自法语中的‘croquette’，日音为‘koroke’，
音似‘可乐饼’。
可乐饼是我最爱的小吃之一，
很多人说油炸食品不适合早餐或者不利于健康，
但是这个给到大家的是潜心研发无需油炸版本的可乐饼
哟，所以放心感受来自美食的感动吧！”

材料准备

- 土豆 1 个
- 火腿适量
- 玉米适量
- 洋葱适量
- 鸡蛋 1 个
- 淀粉适量
- 面包糠适量
- 盐适量
- 黑胡椒适量

制作步骤

- 土豆放入微波炉蒸熟，去皮捣成泥。
- 洋葱、火腿切碎。
- 热锅注油烧热，加入洋葱、玉米、火腿，炒香。
- 将炒好的料加入到土豆泥中，再加盐、黑胡椒，充分搅拌匀。
- 将土豆泥捏成一个一个小圆饼。
- 先裹一层淀粉，再裹一层蛋液，最后是一层面包糠。
- 摆进铺了油纸的烤盘中。
- 放入预热 175℃的烤箱内烤 20 分钟左右即可。

太阳喵语

经典的日式可乐饼是用油炸出来的，这一款可乐饼用烤箱烤制，外脆里嫩，更加低脂健康哦！

这款土豆饼还能做成甜味的哟，土豆里加上糖和芝士还有果干，外面裹一层椰蓉，烤一烤配蛋黄酱。

木薯芝士面包球

制作时间：30 分钟
食用人数：3 人份
难易度：★☆☆☆☆

作者的碎碎念 ■食谱来自『妞妞』

“木薯芝士面包球，
据说是巴西的国民小吃，
然而我并没吃过。
以前在韩国超市也见到过木薯面包球的预拌粉，
多是芝麻或者红豆的口味，然而我也没买过。
之前有在网上流传的视频上见过木薯面包球的制作，
据说吃起来有弹性却不粘牙齿。
那天我做完芋圆，剩下了半袋木薯粉没有用完，
我于是想起了这个配方，
自己添加了些家里有的材料，
做成了这个木薯芝士面包球，
还突发奇想抹了些我喜欢的花生酱，蜜汁感动。”

材料准备

木薯粉 1 杯
牛奶 1/4 杯
黄油 1/8 杯
帕马森芝士粉 1/4 杯
马苏里拉芝士 1/4 杯
鸡蛋 1 个
火腿泥 1 条
蒜 2 瓣
黑胡椒少量
盐少量

制作步骤

- 黄油、牛奶、盐倒入奶锅，煮开后关火。
- 加入木薯粉，稍微搅拌。
- 打入鸡蛋，放入帕马森芝士粉、火腿泥、芝士、蒜泥、黑胡椒，充分搅匀之后填入裱花袋。
- 在烤盘上铺好硅油纸，用裱花袋挤出一个一个的小球，然后放入预热 200℃的烤箱烤制 20 分钟。

太阳喵语

这个菜谱也可以把所有芝士都用芝士粉，不过芝士粉的味道比较重，如果吃不惯的可以考虑将一半换成马苏里拉芝士碎。

对喜欢花生酱的人来说，将它配上花生酱绝对是很搭的。这个面包球需要趁热吃，如果变凉了会变硬，这时放进微波炉叮 30 秒就会回软了，将面包球撕开的时候里面还是 Q 弹的呢。

扫一扫看视频

■ 食谱来自「陆小鹿」

作者碎碎念···

“流黄的蛋是在我上大学的时候才吃到的，说出来显得自己特别没有见识，哈哈，可能是从小和奶奶长大的缘故，她特别见不得没有熟的东西，总觉得那是不干净的。所以当我第一次在外面吃到溏心蛋的时候，一股味道，差点没有喷出来。不过，好像随着年龄增长，口味也发生了变化，只要是流黄的蛋我都特别喜欢，如果是外面裹了一层脆皮，那就是极致美味。”

轰炸溏心蛋

材料准备

鸡蛋 2 个
面包糠 2 大勺
炸鸡粉 1 大勺
白醋 1 小杯
食用油、蛋黄酱、
黑胡椒、盐各适量

制作步骤

1、锅中注水烧热，加入白醋，待锅壁上贴满气泡转小火。
2、用勺子在水中画圈，使形成一个漩涡，将鸡蛋打进去。
3、保持水不沸腾的情况下 2 分钟就可以捞出来了。
4、另取小碗，加面包糠、炸鸡粉、盐、黑胡椒搅匀制成炸粉。
5、将制好的水波蛋小心地裹上一层炸粉。
6、再放进热油中炸到表面金黄后捞出即可。

太阳喵语

水中的白醋稍微多加一点，可以让鸡蛋漂亮地迅速凝结在水里，白醋的比例可以占到十分之一，鸡蛋吃起来是不会有酸味的哦。另外炸的时间不要太长哦，否则蛋黄会凝固的。

■ 食谱来自『赧水水 nancy』

作者碎碎念…

“从小到大，我吃过的马蹄不是整个煮在糖水里，就是切碎了加在肉丸里。去广州的时候，我吃过萝卜糕，吃过芋头糕，可就是没吃过马蹄糕。有一次浏览网页，无意中看见了像果冻一样的马蹄糕，据说是广式早茶必吃的点心之一，于是我还去质问了带我在广州吃早茶的朋友，为什么没给我点马蹄糕。因为觉得这个菜谱也很简单，就自己也尝试着做了一次。由于是在夏天，我加入了清热解暑的绿豆，还有柠檬皮擦成的屑，给口味增加了一层清新。虽然是甜食，但吃起来一点也不会觉得腻呢。”

制作时间：50 分钟
食用人数：4 人份
难易度：★☆☆☆☆

柠檬绿豆马蹄糕

扫一扫看视频

材料准备

马蹄粉 125 克
马蹄 5 个
白糖 120 克
绿豆 40 克
水 750 毫升
柠檬 1 个

制作步骤

1. 热锅注水，放入绿豆，煮熟待用；马蹄去皮，切碎待用。
2. 马蹄粉倒入一半的清水，充分调开。
3. 剩下的水倒入锅中，加入糖和切碎的马蹄煮 10 分钟。
4. 再加入煮好的绿豆，擦入少许柠檬皮。
5. 将调好的马蹄浆粉缓缓倒入，搅拌均匀。
6. 倒进容器里，上蒸锅 20 分钟左右，放凉后切片即可。

太阳喵语

柠檬皮在擦的时候只需要取用表面的黄色部分，内皮的白色部分就不要用了，因为会比较苦涩。柠檬皮会让马蹄糕有一种清新的香味。

QQ镜面奶布丁

制作时间：40 分钟
食用人数：2 人份
难易度：★☆☆☆☆

作者的碎碎念 ■ 食谱来自『赧水水 nancy』

“小时候不爱吃奶制品，所以很少吃双皮奶，况且即使去买，吃到的很多是果冻一样的口感，第一次被双皮奶惊艳到是在广州。

不是果冻的 Q 弹，是如同雪白的鸡蛋羹，用勺舀下去绵密柔软，入口即化。

后来想自己在家里做，可是在网上搜到正宗双皮奶的做法操作有些复杂，对于我这样一个厨房懒人来说，一个改良版再好不过了，于是今天这个奶布丁就来源于我对双皮奶的简易改良，味道和我在店里吃到的特别像。

同时我在表面还加了一层 QQ 糖的彩色布丁层，因为那天一个爱吃甜食的小朋友来我家，所以我多加了一层 QQ 的糖果在上面，凝固之后吃起来冰冰的，颜色也很好看呢。”

材料准备

三色 QQ 糖 40 克
水 120 毫升
蛋清 60 克
鲜牛奶 100 毫升
淡奶油 100 毫升
细砂糖 20 克

制作步骤

- 鲜牛奶、淡奶油、细砂糖倒入锅中加热到溶化，放凉到温热时待用。
- 将蛋清打散后倒入温牛奶，混合均匀并过筛。
- 盖上锡纸，上锅大火蒸20分钟，放冰箱冷藏待用。
- 三种颜色的QQ糖分别加入40毫升水。
- 放入微波炉加热 1 分钟溶化，搅匀。
- 小心地倒在冷藏好的奶布丁上，放冰箱冷藏至凝固即可。

太阳喵语

奶布丁在蒸好之后会比较软嫩，表面还会像水一样，放冰箱冷藏 1 小时或者冷冻 30 分钟就会变凝固一点，凉凉的更好吃。

QQ 糖在倒入奶布丁的时候一定要小心缓慢，最好用一个小勺子引流一下，避免 QQ 糖液冲破奶布丁。

轻甜蓝莓派

制作时间：17 小时
食用人数：2 人份
难易度：★☆☆☆☆

作者的碎碎念

■ 食谱来自『赧水水 nancy』

“我的猫猫在偷吃我吃剩的酸奶，
我把它赶走，可它我告诉我想吃酸奶蓝莓派，于是我只好自己动手做。
我准备把派皮分做三个小蓝莓派，刚铺好第一个的派皮，猫说太小了小气，于是我只好把派皮收起来继续冷藏。
第二次我把派皮放在一个大派盘上，
可是发现派皮大小不够，所以擀得很薄很薄，
猫说厚派皮才好吃，所以我又将派皮重新冷藏。
第三次我拿来一个中型烤盘，
猫说，这个不错，于是最终我做出了一个方形的酸奶派。”
“夏天要冰冰凉凉的比较好吃，蓝莓派在我内心中一直是性冷淡风和文艺小清新的结合画风，工序较多，不过自己在家里做一做也挺有意思的。”

材料准备

低筋面粉 100 克
黄油 50 克
蛋黄 8 克
冷水 25 毫升
牛奶 100 毫升
酸奶 150 毫升
吉利丁粉 5 克
蓝莓 150 克
盐 1 克
糖 15 克
细砂糖 15 克

制作步骤

- 蓝莓洗净，加入 15 克糖，放入冷藏室过一夜。
- 低筋面粉、糖一起过筛到盆里，加入软化的黄油。
- 用手把黄油和面粉揉开。
- 再加入蛋黄、冷水、盐，揉成面团，入冰箱冷藏 4 个小时以上。
- 冷藏好的面团在保鲜膜上擀成薄片，将其盖在派盘上。
- 用擀面杖滚过派盘，将多余的边切除。
- 用叉子在盘底插出小孔透气。
- 放入预热 190℃的烤箱内烤 30 分钟，拿出后放凉。
- 用 50 毫升常温牛奶泡发吉利丁粉，再倒入 50 毫升热牛奶将吉利丁粉充分溶解。
- 加入酸奶混合，倒入烤制好的派皮中。
- 放冰箱冷藏 2 ~ 4 个小时到酸奶凝固。
- 最后将腌渍好的蓝莓放在内馅上即可。

扫一扫看视频

蔬菜馒头小块与香脆馒头小棒

食谱来自
『陆小鹿』

作者碎碎念···

“记得那时候在辽宁，为了筹备鲁迅美术学院的考试，需要学习6个月的时间。高考前谈恋爱是非常危险的，但我偏偏踏入了禁区。家人一个月会给我700元的生活费，我吃了3个月的包子馒头，为了元旦飞回来和她见一面。所以，馒头这种寡淡的食物，于我而言，代表的是个甜腻发苦、青涩冲动的岁月。哦，对了，其实这个故事是关于我室友的故事。”

蔬菜馒头小块

材料准备

馒头 1 个
鸡蛋 2 个
生菜适量
紫甘蓝、胡萝卜各适量
盐、黑胡椒各少许

制作步骤

1. 生菜、紫甘蓝、胡萝卜切成细丝，装入碗中。
2. 再打入鸡蛋，搅匀。
3. 将馒头切块，均匀裹上蛋液、蔬菜。
4. 热锅注油烧热，放入馒头块，将其炸至金黄，撒上盐和胡椒粉即可。

太阳喵语

蔬菜需要切得细碎才能很好地裹在蛋液上哟。剩余的没用完的蛋液可以煎一个玉子烧哟，不浪费！

香脆馒头小棒

材料准备

馒头 1 个
黄油 30 克
蜂蜜 20 克
白砂糖 1 大勺

制作步骤

1. 黄油融化，加入蜂蜜，搅匀。
2. 将馒头切条，裹上黄油。
3. 铺在烤盘上，撒上白砂糖。
4. 烤箱 180℃烘烤 20 分钟。
5. 将馒头条翻面，再烤 10 分钟即可。

鱼鱼鸡蛋盅

制作时间：20 分钟
食用人数：2 人份
难易度：★☆☆☆☆

作者的碎碎念 ■ 食谱来自『秋小绿』

“我喜欢叫它淡淡的野心。
虽然鸡蛋和金枪鱼吃起来都没什么味道，
却都是能量满满的优质蛋白质，
经过简单处理，只消你一口一个的力气，
却在一天里默默给你十分的能量支援。
赛高！”

材料准备

罐头吞拿鱼 100 克
鸡蛋 5 个
蛋黄酱 1 大勺
苏打饼干 1 片
盐少许
黑胡椒少许

制作步骤

- 锅中注水烧开，放入鸡蛋煮熟。
- 捞出浸入冷水中降温，在冷水中去壳。
- 将鸡蛋切对半，再将蛋黄蛋白分开。
- 把蛋黄、吞拿鱼、蛋黄酱装入碗中，混合成泥。
- 加入适量盐、黑胡椒调味，再将它们重新填回鸡蛋白中。
- 将苏打饼干掰成小块，插在蛋黄上。

太阳喵语

吞拿鱼就是金枪鱼，是一种高蛋白、低脂肪的鱼类，营养价值很高，同时有益于心脑血管健康，不论是老人或小孩都很适合食用。当然，如果没有吞拿鱼也可以用别的鱼肉代替哒。

有不爱吃蛋黄的宝宝们可以试试这道菜哟，将蛋黄和金枪鱼还有沙拉酱拌在一起完全尝不出蛋黄的腥味，味道特别棒。

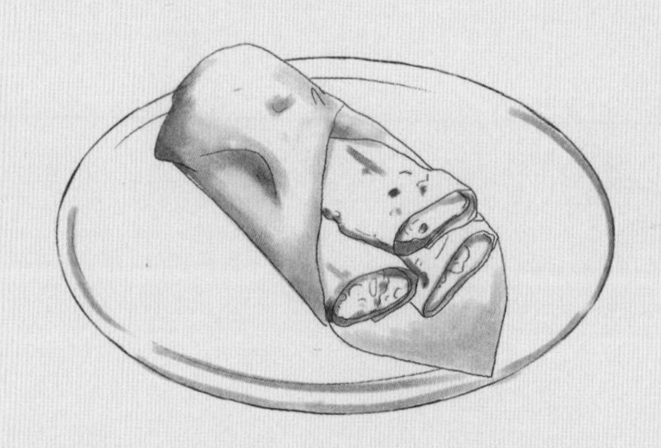

■ 食谱来自『料理兔 Adia』

作者碎碎念···

“夏日炎炎，暑热难耐。高温出汗会使机体因丢失大量的矿物质和维生素而导致内环境紊乱，绿豆含有丰富的矿物质、维生素，在高温环境中摄入绿豆，可以及时补充丢失的营养物质，以达到清热解暑的效果。绿豆是祛暑开胃的必备利器，何不来一卷这样的清凉，专治各种食欲不振。超快手的绿豆卷，色泽金黄，外脆里糯，清淡适口。在这炎炎夏日里，吃一口清热解暑的绿豆卷，或许是最好的救赎。”

无油云吞皮绿豆卷

材料准备

绿豆 100 克
云吞皮 6 张
糖 20 克
蛋黄 1 个

制作步骤

1. 绿豆入锅煮烂，捞出，倒入料理机打成泥。
2. 将绿豆泥倒入炒锅中，慢慢炒至变干。
3. 按照自己口味加糖，翻炒匀。
4. 将云吞皮铺平，裹上一些绿豆沙，卷起来。
5. 表面刷上蛋黄液，放入预热 190℃的烤箱内烤 12 分钟。

太阳喵语

夏天特别适合食用绿豆，有清热排毒的功效，同时它在制作的过程中是清淡无油的，丝毫不会觉得油腻哦。

■ 食谱来自
「吴韵琴」

作者碎碎念…

“油条是大家喜闻乐见的一种早点，也可当食材，它的吃法多种多样，煎炸烤煮涮皆相宜，孩提时期的我最喜欢抓着刚出锅的大油条啃，但是时代不同了，‘喜新厌旧’的我开始研究新玩法。这天我看到油条的同时又听到那首《感觉身体被掏空》，茅塞顿开，立马买了油条并且掏空了它，以虾肉填充，入烤箱之后味道好吃得理所当然，这就是我和油条虾的故事。”

烘烤油条虾

材料准备

油条半根
虾仁 100 克
生抽 5 毫升
料酒 5 毫升
淀粉 10 克
盐、胡椒粉各少许

制作步骤

1. 将处理好的虾肉剁细碎。
2. 加入生抽、料酒、淀粉、盐、胡椒粉，搅拌均匀。
3. 油条用剪刀剪成均匀的段。
4. 将中间挖空，填入虾肉。
5. 放入预热好的 180℃的烤箱内烘烤 15 分钟即可。

太阳喵语

没有烤箱的读者可以放入蒸锅将它蒸熟，口感相对烤箱版本会比较湿软。最后的成品还可以蘸上沙拉酱食用。

南瓜焦糖布丁

制作时间：70 分钟
食用人数：1 人份
难易度：★☆☆☆☆

作者的碎碎念 ■ 食谱来自『元气 up 兔兔』

“有人认为爱是性、是婚姻、是清晨六点的吻、
是一堆孩子，也许真是这样的。莱斯特小姐，
但你知道我怎么想吗？
我觉得爱是想触碰又收回手。”
“烈火过后的糖霜，甜蜜后略带苦味，
像潜藏在心底的恋情，甜蜜、苦涩、柔软的触碰。
就像这火焰南瓜焦糖布丁，
染尽了甜蜜，
回头又是南瓜的香甜和柔软的绵密的回味 ~”

材料准备

鸡蛋 1 个
蛋黄 1 个
淡奶油 150 克
牛奶 120 毫升
南瓜 130 克
红茶包 1 个
水 50 毫升
红砂糖 15 克
白糖 25 克

制作步骤

- 将红茶包内冲入开水，泡成茶汤。
- 在茶汤中加入淡奶油、牛奶、白糖。
- 南瓜处理好切块，放入微波炉叮熟。
- 用勺子将南瓜按压成泥。
- 鸡蛋、蛋黄混合均匀，再倒入制好的奶茶，拌匀。
- 过筛加入南瓜泥拌匀，入焗盘中。
- 焗盘放入烤盘内，在烤盘内倒入深 2 厘米的温水。
- 放入预热 150℃的烤箱内烤 50 分钟。
- 烤好后冷却，盖保鲜膜冷藏。
- 吃时均匀撒上红砂糖，然后用喷枪烧成焦糖顶。

太阳喵语

布丁烤好之后表面还会像液体一样是正常的，放进冰箱冷藏 3 个小时以上就会变成软软的固态哦。如果没有喷枪，可以不用火烤顶部的红砂糖，直接从冰箱拿出来就可以吃。

扫一扫看视频

■ 食谱来自「一颗白菜」

作者碎碎念…

“立秋之后的这段日子，热起来感觉比大暑还让人招架不住。这段日子，却也是他最忙碌、压力最大、最奔波、最辛苦的日子，经常着急上火。可是不争气的我，却总是任性发脾气，总是气他，现在心里觉得很是愧疚，于是乎想要做点他喜欢吃的，又能降火的，好好讨好一下他。”

“周末的下午做了莲子椰浆西米冻，用的他喜欢的绿西米，还有椰浆和莲子，莲子没有去心，有点苦，但是清热解暑。超级迎合他的口味，不过他的口味也跟大众，所以大家应该也都喜欢，于是分享给大家，也希望大家吃了心平气和，遇事别上火哦！”

制作时间：30 分钟
食用人数：2 人份
难易度：★☆☆☆☆

莲子椰浆西米冻

扫一扫看视频

材料准备

莲蓬 2 个
绿西米 30 克
椰浆 150 毫升
吉利丁粉 6 克
糖 20 克

制作步骤

1、绿西米入锅煮熟，捞出垫在碗底，上面放上剥好的莲子。
2、1/3 的椰浆加入吉利丁粉，泡发。
3、剩余椰浆加糖，放入微波炉叮 30 秒。
4、温热后倒入吉利丁，搅拌至充分化开。
5、再将椰浆倒入碗中，冷藏 3 小时以上。

太阳喵语

食谱中的莲子是没有去心的哟，因为本喵从小吃新鲜莲子就没去心，吃这样的苦可以清热解毒，不能吃苦的童鞋可以把莲子里面的心去除，甜甜哒。

双重芝士烤扇贝

制作时间：45 分钟
食用人数：1 人份
难易度：★☆☆☆☆

作者的碎碎念 ■ 食谱来自『陆小鹿』

“我老家是舟山的嵊泗，
小的时候交通还没有现在那么方便，
坐轮渡到金山要将近 4 个小时，
因此物资很是匮乏。我们那边的人主要靠打鱼为生，
当然也包括其他的蚌贝类海鲜，
所以海鲜就是我们的主要食物。”
“在早餐的时候吃海鲜，
对于其他地方的人来讲是特别奇怪的，
而在我们那边却显得很平常。
扇贝上面加芝士放烤箱的做法纯属自己的偏好，
芝士的咸味糅合着鲜味非常好吃，
而且热量低，蛋白含量很高，
愿意尝鲜的同学可以自己尝试一下。”

材料准备

扇贝 2 个
香肠 1 根
土豆小半个
芝士片 2 片
洋葱适量
马苏里拉芝士适量
盐少许
黑胡椒少许
橄榄油少许

制作步骤

- 将扇贝处理干净，刷上油，撒上盐和黑胡椒调味。
- 洋葱切条；香肠切片；土豆切丁。
- 扇贝上放一层马苏里拉芝士。
- 摆上香肠、土豆，盖上芝士片、洋葱条。
- 最上面再放上马苏里拉芝士和黑胡椒。
- 放入预热 175℃的烤箱内烤 30 分钟左右即可。

太阳喵语

海鲜本身味道比较鲜美，不需要过多调味，加上芝士的奶香，在烤的过程中可能会有部分水分析出，可以适当增加一些烘烤时间将水分烤干。

Chapter 4

当你和孩子们在一起

有的人家里有小孩子，
有的人家有大“孩子”，
不论是什么孩子，
和他们在一起的时光，
早餐都不会轻易辜负。

激萌鱼饼

制作时间：30 分钟
食用人数：1 人份
难易度：★☆☆☆☆

作者的碎碎念 ■食谱来自『陆小鹿』

“鱼饼这个早餐其实来源于自己的童年，
上学的时候，几乎每天都会去吃路边的炸鱼饼，
5 毛 1 个，几乎成了自己的最爱。
卖的人一般都是上了年纪的奶奶，
推了一个手推车，那时候没有那么多城管，
所以味道也特别地道，现在已经很难再买到了。
这个食谱是我自己改进过的，
加了鱼露等新的材料，增添了一些东南亚风味。
给鱼肉去骨是个比较麻烦的工序，
如果怕麻烦的可以购买已剔骨的鱼肉。”

材料准备

鱼肉 150 克
鸡蛋 1 个
小米辣 1 个
鱼露 2 大勺
泰式红咖喱酱 1 小勺
淀粉 1 小勺
青柠汁 1 小勺
姜 1 片
蒜 1 颗
葱 1 根
香菜 3 根

制作步骤

- 备好的小米辣细细切碎。
- 鱼肉里加入鸡蛋、姜丝、蒜丝。
- 再放小米辣，倒入料理机内搅拌成泥。
- 将鱼露、泰式红咖喱酱、青柠汁加入鱼泥。
- 再加入淀粉、葱花和切碎的香菜，搅拌均匀。
- 将鱼泥在硅油纸上做出小鱼的样子。
- 连纸一起直接下锅炸熟就好了。

太阳喵语

如果不喜欢吃香菜，可以自行忽略它。这个方子的调味挺百搭的，鱼肉还可以换成虾肉或者其他肉类哟。做好了鱼饼小心有猫出没。

扫一扫看视频

西瓜弹力 Q 片

制作时间：50 分钟
食用人数：1 人份
难易度：★☆☆☆☆

作者的碎碎念 ■食谱来自『赧水水 nancy』

“夏天总是西瓜人气最旺的时候，
随着气温的升高，
西瓜也悄悄钻进大家的冰箱里。
我以前特别喜欢在冰箱里冰上半个切好的西瓜，
晚上看电视的时候坐在沙发上抱着西瓜用勺子挖着吃，
而这一幕想起来好像也是挺多年前了。
至于早餐的时候，
我也吃西瓜，不过西瓜的吃法却大有不同。
因为本人一直爱吃芋圆，
木薯粉的口感超越我所吃过的所有粉类，
所以我想到了用木薯粉做西瓜的点子。”

材料准备

木薯粉 400 克
红心火龙果半个
鸡蛋 1 个
抹茶粉 10 克
西瓜 1 小块
黑芝麻少许

制作步骤

- 首先将西瓜和红心火龙果打成汁，分次加入 200 克木薯粉，小心地揉成面团，滚成圆柱形，用保鲜膜包好，放进冰箱冷藏 1 小时。
- 将鸡蛋打散，加入 100 克木薯粉，揉成面团，擀成一张皮的样子，裹上之前冷藏好的红色面团，放入冰箱冷藏 1 小时。
- 抹茶粉加入剩下的 100 克木薯粉中，加水揉成面团，擀成面皮后裹上之前的圆柱形面团，放入冰箱冷冻 1 小时到冻硬。
- 冻硬后切成薄片，在西瓜的表面可以用黑芝麻装饰成西瓜籽，然后放入沸水中煮熟，捞出来过凉，拌在酸奶里。

太阳喵语

在揉木薯粉的面团时，最好是先将粉类混合，再多次少量地加入水，便于操作。

酸奶里除了芋圆，还可以加入燕麦还有其他的水果，做一份美美的早午餐都够啦。

■ 食谱来自『蒋三寻』

作者碎碎念…

“一直很喜欢吃咖喱，最常做的是咖喱牛肉和咖喱鸡肉。咖喱饭是给人大满足的主食，整个烹饪过程都洋溢着满满的幸福感，最后把肉和土豆等一起慢炖入味，看着一锅咕嘟冒泡的美味，一切烦恼都烟消云散了。在咖喱饭中，米饭一直是朴素的配角，这让深爱米饭的我颇有微词，此次，我为米饭定制了幽灵造型。激萌的吐血无厘头幽灵，让米饭瞬间吸睛无数，环绕上主角光环，把人气咖喱都压在身下。相信爱米饭的朋友，会有更多奇思妙想，期待大家打造更多呆萌造型的鬼怪咖喱饭哦～”

幽灵咖喱饭

扫一扫看视频

材料准备

牛肉丝 200 克
土豆 1 个
胡萝卜半个
洋葱半个
调味咖喱油膏 50 克
大米、海苔各适量

制作步骤

1. 土豆、胡萝卜、洋葱切丁。
2. 炒锅放油，爆香洋葱，加入牛肉丝炒散，接着加入胡萝卜、土豆和调味咖喱膏翻炒均匀，最后加水盖过食材。水快烧干时就可以出锅了。
3. 白米饭煮熟，放凉后用手捏成幽灵的形状，用海苔丝装饰即可。

太阳喵语

做饭团时稍微将手打湿，米饭就不容易粘在手上了。如果用的是咖喱粉，就需要先用油将咖喱粉炒过，再加入其他食材哦。咖喱虽然美味，但当心吃太多了也容易上火哟。

松饼巫婆帽

制作时间：25 分钟
食用人数：1 人份
难易度：★☆☆☆☆

作者的碎碎念 ■食谱来自『蒋三寻』

“我是个很随意的人，
这种随意性格也充分体现在美食上。”
“本来想做个华夫饼冰淇淋，
打开冰箱看到甜筒，
随手撕开一个戳在华夫饼上，
样子喜感有趣，拍照上传在微博上，
有人说像巫婆帽，有人说像塔吉锅，
收获很多有趣的留言。
口感就是华夫饼冰淇淋的味道，
冰淇淋混合温热的华夫饼入口，
冷热交替的奇妙口感，给酷暑的清晨清凉一击。”
“在太阳猫的早餐里，
用松饼代替了华夫饼，也会有相同的美妙口感。”

材料准备

- 低筋面粉 100 克
- 牛奶 100 毫升
- 鸡蛋 1 个
- 泡打粉 5 克
- 冰淇淋 1 个
- 巧克力酱少许
- 巧克力棒适量
- 白砂糖 30 克
- 橄榄油 20 毫升

制作步骤

- 将过筛后的低筋面粉、白砂糖、牛奶、橄榄油、鸡蛋和泡打粉混合成面糊，在平底锅中小火煎成一个大松饼。
- 将松饼放入盘中，舀几勺冰淇淋在上面，倒扣上甜筒，用巧克力棒和巧克力酱装饰。

太阳喵语

松饼在煎的时候不用放油，表面出现小洞就可以翻面了。另外，把松饼换成华夫饼也会很棒哦。

扫一扫看视频

■ 食谱来自『赧水水 nancy』

作者碎碎念…

也许生存在世间的人，都只是在等待一种偶遇，一种适时的偶遇。时间对了，你们便会遇上。——宫崎骏《龙猫》

"之前做了一个很特别的便当，在微博晒出来后，大家都喜欢里面的龙猫饭团吖，我就把它拿出来作为一期食谱。其实步骤也不复杂，在搭配的时候可以配上各种蔬菜，就算是挑食的宝宝，心也会瞬间被萌萌哒的造型融化。"

龙猫饭团

材料准备

米饭 1 碗
芝麻粉 10 克
芝士片 1 片
海苔 1 片
意面 1 根

制作步骤

1. 预留一部分白米饭，将剩下的米饭和芝麻粉混合均匀。
2. 将芝麻米饭捏成椭圆形，盖上白米饭，用保鲜膜包好。
3. 在海苔和芝士片上裁出眼睛、鼻子和波纹，用意面做好胡须，用灰色米饭做小耳朵，把意面插在身子上。
4. 还可以做煤球精灵，将海苔片稍微打湿，包入一团米饭，用芝士片和海苔片做出眼睛。

太阳喵语

饭团外形非常可爱，不论是摆盘还是放在便当里，都是一份赏心悦目的早餐。饭团里的黑芝麻有乌发润发、美肤养颜的功效，根据自己的口味，还可以在米饭里加上盐或者糖等调味料。

谷乐脆小羊羔

制作时间：30 分钟
食用人数：4 人份
难易度：★☆☆☆☆

作者的碎碎念 ■ 食谱来自『赧水水 nancy』

“第一次吃到它是在美国学校的食堂里，
叫做脆米花，当时的感觉是入口不忘，
怎么能这么好吃啊。
这种燕麦片甜点是一个朴实无华的奶白色小方块，
有点像中式的沙琪玛，
后来在网上看到了做法，
想到材料和步骤都如此简单。”
“而这只小羊的灵感完全是来源于麦圈官网上的食谱，
只是将前面说的燕麦甜点捏成了小羊的样子。
当然，平日里把它做成小羊还略感浮夸，
最简单的就是像脆米花一样，
将加热好的棉花糖和早餐燕麦放在一个大碗里，
等它冷却后切块，就已经很美味了。”

材料准备

棉花糖 220 克
谷乐脆 160 克
格力高适量
酸奶提子适量
巧克力少许
黄油 70 克

制作步骤

◎ 将黄油倒入锅中融化，再放入棉花糖融化，倒入谷乐脆，搅拌均匀。稍凉到不烫手就将它们团成圆形，做成羊身子。
◎ 将格力高插进羊身子做成脚，用酸奶提子做成头，剪一片棉花糖做成耳朵，用融化的巧克力画出眼睛。

太阳喵语

谷乐脆稍凉就要开始捏羊身子了哦，完全变凉之后就会捏不动啦。插入羊腿的时候，需要先用筷子在谷乐脆上插一个洞，再插入格力高会比较方便。

如果觉得做成小羊麻烦，可以把搅拌好的蜂蜜燕麦圈倒入一个平盘抹平，冷却之后切块也特别好吃的！没有蜂蜜燕麦圈，用其他的早餐麦片代替都可以哒。

扫一扫看视频

■ 食谱来自「陆小鹿」

作者碎碎念···

“有一次在网上看到有个小鸡的做法特别可爱，材料也很好准备，在女朋友过生日那天我特意做了60只小鸡，给她一个惊喜，现在把做法分享给你们。”

破壳而出的小鸡

材料准备

鸡蛋 3 个
蛋黄酱 1 大勺
盐少许
胡萝卜适量

制作步骤

1. 将鸡蛋煮熟，放入冷水中去壳，用小刻刀从中间将鸡蛋割开，取出蛋黄。
2. 将蛋黄和蛋黄酱拌匀，用裱花袋填入原来的一半蛋白中，用胡萝卜和海苔做出眼睛嘴巴，盖上另一半蛋白。

太阳喵语

鸡窝是用干脆面做的哟，自己在家里做起来也很方便，小朋友再也不讨厌吃鸡蛋了呢。

飞饼香肠卷

制作时间：25 分钟
食用人数：2 人份
难易度：★☆☆☆☆

作者的碎碎念 ■食谱来自『吴韵琴』

“冰箱里能吃的所剩无几，
只有几根香肠跟飞饼，
做了太多手抓饼，
今天心血来潮，
用简单的食材来做飞饼香肠卷，
成品很有木乃伊画风的呆萌。”

材料准备

香肠 4 个
飞饼 1 张
花生酱少许

制作步骤

◎ 把飞饼解冻后，切成条状，将它缠绕在香肠表面，在一端要露出木乃伊的脸。
◎ 烤箱预热 180℃烤 15 ~ 20 分钟，最后冷却到不烫手的时候用花生酱做出眼睛。

太阳喵语

飞饼香肠卷的食材非常简单，都是平时很容易就能买到的材料，如果手边刚好有这两种材料，不妨做来试试看！如果家里没有花生酱，眼睛也可以用剩余的飞饼做出来哦！

Chapter 5

当早餐遇上轻食主义

没有负担的清晨，
我听见早餐里轻缓的节拍，
闻到蔬菜与麦芽的香气，
听见你笑着说周末我们去海边。

无糖抹茶燕麦粥

制作时间：15 分钟
食用人数：2 人份
难易度：★☆☆☆☆

作者的碎碎念 ■ 食谱来自『一颗白菜』

“我想想，我现在是想要甜，又不想太甜腻，想要温暖的、柔软的、熨帖的……”

“嗯嗯，那明早做抹茶燕麦粥吃吧。”

“好啊，明天一起早起啊。”

“家里还有香蕉，给你加份香蕉吧……”

“身边有个吃素的人，自己的嘴巴也跟着清淡健康起来。抹茶燕麦粥是一起尝试过一次，就被当成了家里餐桌上的固定早餐品项，因为喜欢抹茶粉的清香，喜欢浓稠的软软的有颗粒感的感觉，还可以依照自己的心情或者依照家里的冰箱，加入喜欢的水果或者谷物，嗯，想想都觉得真是满心喜欢。”

材料准备

即食燕麦片 200 克
牛奶 600 毫升
香蕉 60 克
抹茶 5 克
牛油果 40 克
腰果、蓝莓、椰蓉各适量

制作步骤

- 奶锅里加一杯即食燕麦片和三杯牛奶，加入捣碎的香蕉泥，然后再倒入用一点点牛奶化开的抹茶粉。搅拌开来就可以盛出了。
- 最后的摆盘可以用腰果、牛油果和蓝莓装饰，再轻轻地撒上一点椰蓉。

太阳喵语

燕麦非常容易吸水，牛奶的量不能太少哦，至少要3倍的量。牛奶煮开后是非常容易溢出来的，需要注意。代替糖的香蕉尽量挑选成熟质软的，因为会比较甜。

扫一扫看视频

■ 食谱来自「山下制酒」

作者碎碎念···

“当年在法国半工半读，总是会怀念故乡的食物。但是海外很难买到合适的食材去制作地道的中餐，又碍于囊中羞涩不能常去餐厅吃尽人世繁华。直到有一天，我看到一个法国女人穿着长风衣、丝袜和高跟鞋，抱着牛皮纸袋子，里面露出长长的法棍，画面是那么浪漫和时尚。那天起我便爱上了法棍，嗯，没错，并不是姑娘，是面包。外国人称之为长条状的宝石棍子，外皮金黄酥脆，内在松软可口，而且价格便宜，很快便成为我的日常口粮。法棍还可以衍生出不少简单的美味，比如下面我要讲的这款有内涵的法棍。”

一只有内涵的法棍

扫一扫看视频

材料准备

法棍 1 根
芝士碎 40 克
蘑菇 10 克
秋葵 40 克
香肠 30 克

制作步骤

1. 蘑菇、秋葵切成片；香肠切成丁。
2. 取一根法棍，切成小段，用手将里面的面包掏出，变成一个小杯的样子，里面填入蘑菇、秋葵片和香肠丁。
3. 表面撒上芝士碎。
4. 放入预热至 160℃的烤箱内烤 10 分钟左右。

太阳喵语

法棍里面填入的东西是没有加调料的，因为选择的是葱油味的法棍，本身就有咸味的哟。如果选择原味的法棍，也可以用盐和黑胡椒调味，或者把你喜欢的酱料拌匀在填进的材料里。

■ 食谱来自「元气 up 兔兔」

作者碎碎念…

“谈及东南亚菜，最喜欢的冷菜莫过于越南春卷了。那湿润半透明的米纸包裹着新鲜的食材，是一道适合春夏季消脂清肠的好菜。据说越南人，通常是亲朋好友团聚一桌，餐桌上有各种新鲜的蔬菜、肉、虾、香菜等。每人都可以按照自己的爱好，搭配喜爱的食材卷入米纸中，再蘸着春卷汁食用，很有团聚的氛围。而我，是一个不折不扣的榴莲控，在夏季里，用春卷皮裹上榴莲和其他的水果便成了我的最爱。”

水果越南春卷

材料准备

榴莲、青柠各 20 克
猕猴桃 60 克
芒果 200 克
越南春卷皮 3 张
蜂蜜适量

制作步骤

1. 猕猴桃去皮切成片，榴莲肉捣成泥，芒果去皮切成条。
2. 春卷皮在热水里泡软，平铺在大盘子或者砧板上。
3. 将猕猴桃片铺在春卷皮中央，上面盖一层榴莲肉。
4. 最上面放上芒果条，然后将四周的春卷皮包起来。
5. 将柠檬汁挤入蜂蜜制成酱汁，吃之前用春卷蘸食即可。

太阳喵语

如果你不喜欢榴莲，也可以把榴莲换成其他的水果啦，不过如果你是一个标准的榴莲控，只会嫌少不会嫌多的哦。另外，春卷放在盘子里的时候容易粘住，如果不是马上吃，建议在盘底刷一层薄油。

泰式牛肉芒果沙拉

制作时间：20 分钟
食用人数：2 人份
难易度：★☆☆☆☆

作者的碎碎念 ■食谱来自『山下制酒』

“女朋友是四川人，无辣不欢。
出去吃饭总是离不开这几样，
火锅、冒菜、串串、麻辣香锅。
麻辣鲜香的川菜让她流连忘返，体重飙升。
但是在家做这些菜显然是麻烦，
重油重辣往往会让厨房一片狼藉。
在有过几次绝望收拾厨房的经历之后，
我放弃了在家自制川菜的念头，
这引起了女朋友的不满。
直到有一天我做了这样一个简单清爽又不失辛辣的沙拉，女朋友终于停止了抱怨。
这是一道地道的泰国料理，做法却尤其简单。”

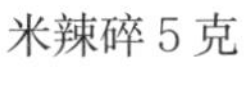

材料准备

牛排 300 克
芒果 200 克
豆芽 30 克
生菜 1 片
蒜末 8 克
米辣碎 5 克
青柠汁 5 毫升
薄荷叶、
花生碎各适量
蜂蜜 8 克
鱼露 10 克

制作步骤

- 将一块处理好的牛排煎熟，盛出待用。
- 牛排、芒果均切成条状；豆芽放入沸水中煮熟。
- 生菜撕碎铺在碗底，放入豆芽、芒果、牛肉。
- 将蒜末、米辣碎、鱼露、青柠汁、蜂蜜调匀做成酱汁。
- 将酱汁淋在沙拉上，撒上一点薄荷叶和花生碎。

太阳喵语

这款酱汁还可以用于给许多其他材料调味，像东南亚口味的沙拉里还可以加入粉丝、青木瓜或者虾仁，在夏天里这样的酸酸辣辣会让你感到清爽不油腻。

■ 食谱来自「牛小妞」

作者碎碎念…

“第一次知道茶泡饭是看了《深夜食堂》，让我想起来小时候特别爱吃的白水泡饭，加上一点点芝麻、一点点酱油和芝麻油，呼哧呼哧一大碗饭就下肚了，想必这日式的茶泡饭和它应该有异曲同工之处吧～抱着试着的心态做了一次，步骤简单、方便快手不说，味道竟然比小时候记忆里的白水泡饭更胜一筹。盐渍紫苏梅酸爽开胃，搭配玄米茶的清新，一口下去就不想停下来，尤其是在吃完油腻的食物以后，感觉整个肠胃都舒适了，但是记住连汤带水的米饭一定要细嚼慢咽哦。”

紫米茶泡饭

材料准备

紫米50克
白米50克
玄米茶1包
紫苏梅1颗
盐2克
日式酱油5毫升
海苔丝适量

制作步骤

1. 白米和紫米混合，洗净后倒入电饭锅。
2. 将其煮成紫米饭，盛一小碗。
3. 玄米用开水泡开。
4. 米饭上撒盐、酱油。
5. 放上海苔丝和紫苏梅，浇上玄米茶即可。

太阳喵语

玄米茶是一种用炒米和绿茶混合的茶类，有一种特别的米的香气。在泡饭吃的时候注意细嚼慢咽哦。

鸡蛋三明治与贝果三明治

■ 食谱来自『一颗白菜』

作者碎碎念…

“早餐做三明治，从大学时候就开始了。
那时候宿舍里不可以有炉火，
早上一二节课有课时会和舍友一起吃学校门口的生煎包，
一大早没课的话，
冷食的三明治成了我最常做的早餐。
开始是一个人做一个人吃，
后来变成一个人做四个人吃，
再后来毕业了自己租了房子，花样也越来越多了，
这里教给大家两种我平时最爱的三明治做法给大家。”

鸡蛋三明治

材料准备

鸡蛋 40 克
吐司 2 片
培根 15 克
蛋黄酱、盐、黑胡椒各少许

制作步骤

1. 吐司去边待用。
2. 将煮熟的鸡蛋切碎，煎熟的培根切碎。
3. 将鸡蛋、培根、蛋黄酱、盐和黑胡椒混合。
4. 均匀地铺在吐司上，将吐司夹起酱料，对半切开即可。

贝果三明治

材料准备

贝果 1 个
金枪鱼罐头 100 克
芝士 1 片
菠菜 150 克

制作步骤

1. 菠菜放入沸水中煮熟后挤干水，稍微切碎。
2. 贝果从中间剖开，先在贝果底铺上 1 片芝士片。
3. 铺上菠菜碎，再铺上金枪鱼，盖上贝果顶，从中切开。

太阳喵语

三明治是一种快手还便于随身携带的早餐哟，吐司和贝果可以提前在烤箱中烘烤 5 ~ 10 分钟。但金枪鱼属于海鲜类，建议过敏体质的人把它用其他材料代替哦。

奇亚籽布丁

制作时间：12 小时
食用人数：1 人份
难易度：★☆☆☆☆

作者的碎碎念 ■ 食谱来自『靓水水 Nancy』

“可能很多人都还不知道奇亚籽这个小东西是什么，
黑黑的长得像芝麻一样。
其实，奇亚籽是一种非常健康的食物，
在欧美已经非常流行，
不论你是想减肥瘦身，还是想改善消化系统，
或者是治疗心血管疾病，它都很有帮助。”
“奇亚籽的吃法有很多，
这样的布丁当成早餐非常合适哦，
奇亚籽会吸水膨胀，
和酸奶水果一起吃，饱腹感非常强，
不仅可以瘦身，还可以当做小甜点。”

材料准备

奇亚籽 50 克
牛奶 250 毫升
酸奶 100 克
香草精 3 毫升
猕猴桃 40 克
谷乐脆、葡萄干、椰蓉各少许
蜂蜜 3 克
盐少许

制作步骤

◎ 将牛奶、酸奶、蜂蜜、香草精、盐放入碗中，搅拌均匀。
◎ 再倒入奇亚籽，包上保鲜膜放入冰箱冷藏过夜。
◎ 奇亚籽布丁倒入杯中，再放入水果、椰蓉等装饰。

太阳喵语

其实不需要冷藏一夜，在水或者酸奶里泡上 10 分钟，奇亚籽就会膨胀起来哟。不光是今天介绍的布丁，平时拿来煮在粥里或者做饼干都很合适。

奇亚籽富含膳食纤维和优质脂肪，老人小孩都适合食用，它吸水后单位热量低，饱腹感很强，也受到很多想瘦身的人士青睐。另外，奇亚籽对于便秘的治疗也会有一定帮助呢。

扫一扫看视频

贝壳意面的 2 种吃法

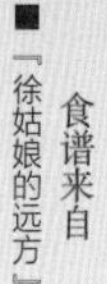

作者碎碎念…

“小紫薯酸奶贝壳意面，
前几天朋友圈看到的脑洞搭配，
被颜值惊艳到，于是就做来吃，好不好吃你们自己去做啊，
我才不告诉你。”

“杂果贝壳意面，36颗贝壳面，16片香蕉，7颗杏仁，4片薄荷叶。
适量的希腊酸奶、黑胡椒调味，拼凑出简单美好的一人食。”

“透露一下，都是超级清淡、很适合夏天、减肥也合适。”

紫薯贝壳意面

材料准备

贝壳意面 100 克
小紫薯 300 克
酸奶 200 克
蜂蜜、盐各适量

制作步骤

1. 锅中注水烧开，放入盐，加入贝壳意面，将其煮熟捞出。
2. 紫薯放入蒸锅蒸熟去皮，加入酸奶打成泥。
3. 煮熟的意面、紫薯泥装入碗中，拌匀。
4. 吃之前淋上一些蜂蜜即可。

杂果贝壳意面

材料准备

贝壳意面 100 克
香蕉 1 根
杏仁 40 克
葡萄干 20 克
薄荷碎、黑胡椒、盐各少许

制作步骤

1. 锅中注水烧开，放入盐，加入贝壳意面，将其煮熟捞出。
2. 将香蕉切成薄片，连同杏仁和葡萄干和煮熟的意面装入碗中。
3. 加黑胡椒，拌匀调味，撒上薄荷碎即可。

太阳喵语

这两款贝壳意面都非常清淡无负担，适合减肥期间或者清肠过后的时候食用。

虾仁芒果藜麦沙拉

制作时间：15 分钟
食用人数：1 人份
难易度：★☆☆☆☆

作者的碎碎念 ■ 食谱来自『YCen』

“可能很多人是第一次听说这个叫藜麦的东西，
它的营养价值高，
而且低热量、烹饪时间短，
是非常优质的碳水主食。
比较常见的就是跟蔬果搭配做成沙拉，
做法很简单，
而且低脂营养，
作为健身餐是不错的选择～”

材料准备

藜麦 30 克
鲜虾 10 个
牛油果 40 克
芒果 300 克
圣女果 25 克
芝麻菜适量
盐 3 克
黑胡椒、
橄榄油各适量

制作步骤

- 藜麦装入锅中，加水煮至透明。
- 鲜虾处理好去壳取肉，开水烫熟。
- 圣女果对半切开；芒果切条。
- 芝麻菜洗干净；牛油果对半切开后切片。
- 芝麻菜铺底，放藜麦、芒果、牛油果、虾和圣女果。
- 最后撒上盐、黑胡椒、橄榄油即可。

太阳喵语

这款沙拉口味非常清爽。藜麦是非常适合减脂的粗粮主食，牛油果也饱含健康脂肪，如果想要更低糖，可以不用放芒果哦。

扫一扫看视频

低碳低卡牛肉炒饭

制作时间：20 分钟
食用人数：1 人份
难易度：★☆☆☆☆

作者的碎碎念 ■ 食谱来自『山下制酒』

“作为一名正在减脂增肌的健身族，
饮食当然是以低碳低糖为主，
平日里不能摄入过多的精制碳水化合物，
可是炒饭偏偏是本人的最爱，总让人割舍不下。

后来在网上无意中看到国外现在很流行用花菜代替米饭的做法，便是将花菜花切碎，
不论是将它做成烩‘饭’还是炒‘饭’，
吃起来都和米饭一样，吃多少都不怕长胖了哦。”

材料准备

花菜 350 克
洋葱 150 克
豌豆 40 克
玉米 40 克
牛肉碎 100 克
酱油 10 毫升
盐、白糖、
黑胡椒各适量

制作步骤

◎ 将花菜花切下来，放入料理机打碎，待用。
◎ 处理好的洋葱切碎待用。
◎ 热锅注油烧热，放入洋葱炒香。
◎ 加入牛肉碎、酱油炒至变色，加入花菜、豌豆和玉米粒。
◎ 加入盐、白糖和黑胡椒，翻炒调味即可。

太阳喵语

花菜的花取下来，梗可以不用扔掉，用来做炒菜或者腌个小菜都很合适。

花菜花可以用刀切碎，也可以用料理机打碎，但是不要打磨过细，那样就没有米饭的感觉了哦。

■ 食谱来自「吴韵琴」

作者碎碎念…

“三文鱼含有丰富的优质蛋白质，而且处理好的鱼肉不用剔刺，是非常理想的食材。只要把三文鱼蒸熟再撕碎，加上薄片黄瓜搭配吐司就是一个超快手的早餐了，当然也方便随身带走，这是我工作日经常会带的便当。”

黄瓜三文鱼三明治

材料准备

吐司 2 片
三文鱼 200 克
黄瓜 200 克
盐、蛋黄酱各少许

制作步骤

1、将吐司切去四边。
2、三文鱼放入开水中焖熟，捞出弄碎，加盐拌匀调味。
3、黄瓜切成薄片。
4、将三文鱼肉夹在吐司中间，挤蛋黄酱。
5、铺上黄瓜片，对切开即可。

太阳喵语

黄瓜、吐司、三文鱼，都是平日里身边常见的食材，而且吃起来非常健康，蛋黄酱还可以换成其他更低脂的酱料哦。

香酥坚果煎鸡胸

制作时间：30 分钟
食用人数：1 人份
难易度：★☆☆☆☆

作者的碎碎念 ■食谱来自『美食营养师小暖』

“虽然之前炸鸡很火，
但对于爱好健康营养美食的营养师来说，炸鸡排可是高热量的红灯食物，
所以看到日本健康杂志推荐的坚果鸡排食谱后，
我修改了其中的坚果仁，
选择了高蛋白、低脂肪的鸡胸肉，
这样的食材组合既含有优质脂肪酸及维生素 E，还能保证优质蛋白质。
而用少油煎鸡排的方式比油炸鸡排的方式减少了多余油脂。”

材料准备

鸡胸肉 200 克
黑芝麻 10 克
巴旦木 20 克
花生 10 克
鸡蛋 50 克
盐 3 克
黑胡椒 2 克
料酒 8 毫升
香油 5 毫升

制作步骤

- 黑芝麻、花生、巴旦木放入料理机打碎。
- 鸡胸肉切成厚度均匀的几大片。
- 蛋液里加入盐、胡椒、料酒、香油，拌匀。
- 将鸡胸肉放入腌制 5 分钟。
- 把鸡胸肉两面均匀地沾上坚果碎。
- 煎锅注油烧热，放入鸡胸肉煎至两面金黄，关火再焖 1 分钟即可。

太阳喵语

虽然坚果热量较高，但含有膳食纤维、不饱和脂肪酸，是维生素E和B族维生素的良好来源。黑芝麻中的维生素E含量很高，可以滋养头发；花生中含有一定量的叶酸。只要控制坚果的摄入量，每天控制在1小把的量，可以使皮肤富有弹性哦。这款鸡胸肉不光可以蘸上芥末酱、番茄酱直接吃，还可以夹在吐司里或者手抓饼里。

Chapter 6

明早想喝点什么

喝过夏天沁人心脾的冰酒酿，
尝过冬日里从心暖到胃的海鲜粥，
你像那食物一样不会说话，
而我知道那些流动的声音，
都是你陪我走过的漫长岁月。

红糖当归西子羹

制作时间：30 分钟
食用人数：1 人份
难易度：★☆☆☆☆

作者的碎碎念 ■ 食谱来自『陆小鹿』

“我和女朋友在一起的主要原因
可能就是这碗当归蛋，
她体寒，有一次她告诉我身子好冷还肚子疼。
我没让她多喝点热水，
我说，我给你做个红糖当归西子羹吧。”

材料准备

鸡蛋 2 个
当归 4 克
藕粉 1 小袋
生姜 10 克
枸杞 10 克
桂圆 15 克
红枣 25 克
红糖适量

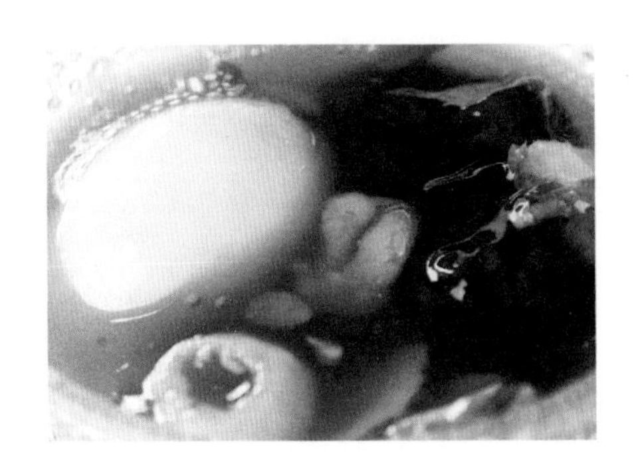

制作步骤

- 备好的当归切成小片。
- 取一碗水，泡入红枣、当归片，浸泡 15 分钟左右。
- 热锅注水烧开，放入鸡蛋，将其煮熟。
- 煮熟的鸡蛋放进冰水放凉，捞出去壳。
- 烧一锅开水，将红枣、当归和姜片放进锅中，煮大概 10 分钟。
- 加入鸡蛋、枸杞、桂圆，再根据个人口味调入红糖，焖煮 15 钟。
- 用冷水调开准备好的藕粉。
- 调好的藕粉倒入锅中，边倒边快速搅拌，充分混合均匀即可。

太阳喵语

藕粉千万不能直接加入锅中，要先用冷开水调开哟。当归蛋还有另外一种煮法，就是在水烧开后，将鸡蛋直接打入锅中，变成水波蛋，你也可以试试。

扫一扫看视频

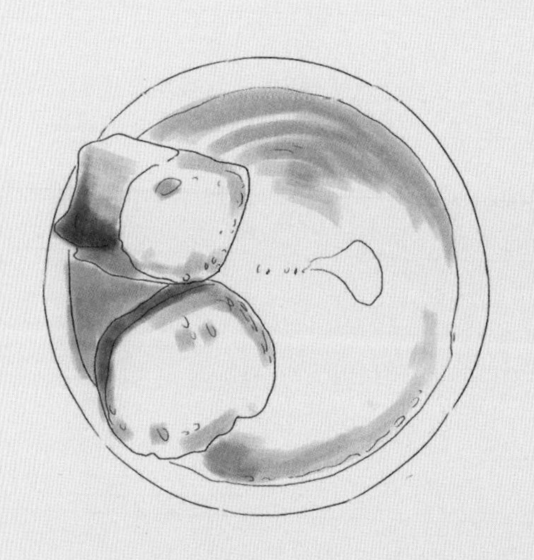

■ 食谱来自
「一颗白菜」

作者碎碎念…

我交了一辈子朋友，究竟喜欢什么样的人呢？约略是这样的：质朴、平易；硬骨头，心肠软；怀真情、讲真话；不阿谀奉承，不背后议论；不人前一面、人后一面；无哗众取宠之意，有实事求是之心；不是丝毫不考虑个人利益，而是多为别人考虑；关键是个“真”字，是性情中人。——季羡林

“早餐读到这段话的时候，正在喝刚做好的胡萝卜奶油浓汤，就着胡萝卜的清新和浓郁的奶香，觉得好应景，不去问身边的朋友是否是这样的朋友，在心里默默地问自己是不是这样的。后来呢，就越来越喜欢这一碗汤，觉得它是很有性情的一碗汤。”

胡萝卜奶油浓汤

材料准备

胡萝卜 150 克
土豆 200 克
牛奶 300 毫升
淡奶油适量
盐、黑胡椒各少许

制作步骤

1. 胡萝卜、土豆洗净切碎。
2. 放入微波炉，开高温将食材叮软，再与牛奶一同加入料理机中，打成泥。
3. 将蔬菜泥倒入奶锅中，小火煮开。
4. 加入一些淡奶油，拌匀，放入盐、黑胡椒，拌匀调味即可。

太阳喵语

在料理机加入牛奶时不需要放很多，最后在锅里还可以加牛奶调节浓度的。法棍和浓汤是很配的，如果喜欢香脆的口感，可以提前将法棍烤制一下哦！

夏日里的冰酒酿

■ 食谱来自「一颗白菜」

作者碎碎念···

“我是很喜欢上海这座城市的，
它给我这样笨笨的人灵感和活力，
在步入这座城市之前，我觉得自己是一个被封在罐头里的人。
我只会老老实实地读书，老老实实地逃课，
老老实实地躺宿舍吃着凉面摊儿上买来的酒酿小丸子。”
“在上海独自生活之后，
我好像明白了为什么我并没有真的被绑住，却觉得不自由。
现在，我会在夏日的周末，
去尝试各种好玩的酒酿吃法，吃是快乐，也是成长的印记。”

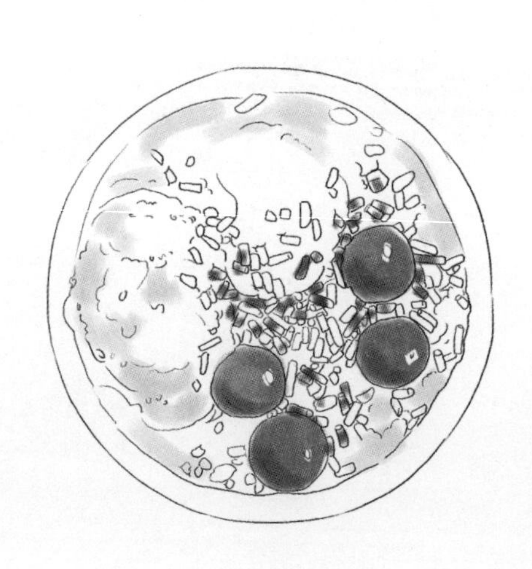

酒酿酸奶甜心杯

材料准备

酒酿半杯
原味酸奶 1 杯
彩条糖、麦丽素、燕麦片各适量
冰淇淋 2 勺

制作步骤

1. 将酸奶和酒酿装入碗中，充分混合均匀。
2. 放上燕麦片、麦丽素、彩条糖，再挖两勺冰淇淋装饰即可。

酒酿苏打青柠杯

材料准备

米酒 100 毫升
苏打水 100 毫升
糖 40 克
青柠半个
薄荷叶适量
冰块适量

制作步骤

1. 薄荷叶切碎，加入白糖，挤入青柠汁液。
2. 将薄荷叶放在杯子的底部，上面堆上冰块，放几瓣青柠，再堆满冰块。
3. 将米酒和苏打水倒入杯中，装饰薄荷叶和青柠。

太阳喵语

酒酿和酸奶最好吃的比例是1：2，酒酿只取用固体部分哦。苏打水也可以换成雪碧。

果味渐变奶昔

制作时间：20 分钟
食用人数：1 人份
难易度：★☆☆☆☆

作者的碎碎念 ■ 食谱来自『一颗白菜』

“一直很喜欢奶昔，
对我来说是一种吃了就会开心的东西。
开始每天做早餐之后，奶昔更是最好的早餐伴侣，
因为做起来够快，材料也不太受限制，
而且各种水果甚至蔬菜都可以交替搭配，
我经常依照自己的心情做不同口味的奶昔来搭配早餐。
某个午后，好朋友们来家里玩，我们一起做奶昔，
大家一起把自己最喜欢的几种奶昔做了个遍，
最后还做成渐变奶昔，很好味，又很美，
我很想念那个快乐的下午。”

材料

香蕉 4 个
橙子 2 个
豌豆 100 克
蓝莓 100 克
西瓜 100 克
哈密瓜 50 克
牛奶 500 毫升
即食燕麦片适量

制作步骤

- 牛奶加入即食燕麦片内，混合让燕麦吸饱水分。
- 香蕉、蓝莓、几勺泡好的燕麦片，再加上适量牛奶打成浓度合适的咖啡色奶昔。
- 将蓝莓替换成橙子变成黄色奶昔，换成煮熟的豌豆变成绿色奶昔，换成西瓜和哈密瓜就变成红色奶昔。
- 将四种颜色的奶昔分次加入杯中，在表面装饰。

太阳喵语

奶昔要做稠一点才会有分层哟，燕麦是很好的增稠材料。香蕉是用作增加甜味的材料，也可以省去，然后用蜂蜜或糖代替。

扫一扫看视频

■ 食谱来自『赧水水 Nancy』

作者碎碎念……

“一直都非常喜欢‘Coco’家的饮品，每次出门逛街经过他们家饮料店都会点上一杯，最爱的还是鲜芋薏米牛奶，后来他们家把薏仁换成了西米，可我还是特别喜欢薏仁的那个味道，况且吃薏仁还有美白祛湿的效果，于是自己在家也尝试着做起了鲜芋薏米牛奶。在夏天里，总是想吃些冰的东西，把放凉的芋头和冰牛奶打在一起，加上薏仁，还可以添些炼乳和冰块，早餐的时候吃一杯就很饱的了。喜欢鲜芋薏米牛奶的吃货们不妨试试哟。”

鲜芋薏米牛奶

材料准备

芋头 200 克
牛奶 250 毫升
薏米 20 克
炼乳适量

制作步骤

1. 将薏米装入沸水锅内，将其煮熟。
2. 芋头洗净上锅蒸熟，放凉之后去皮。
3. 牛奶、芋头、炼乳倒入料理机打碎，装入碗中。
4. 最后放上煮熟的薏米，再放些冰块即可。

太阳喵语

如果喜欢吃芋头块，在用料理机搅打的时候就不用打得太碎，吃的时候还会有一块一块的芋头哟。

薏仁有祛湿美肤的效果，但性偏寒凉，寒性体质的人不要多吃。

■ 食谱来自「一颗白菜」

作者碎碎念…

“抹茶星冰乐也许不是最好喝的饮料，但是却是我最喜欢的饮品，有很多很多的午后都是抹茶星冰乐伴我度过，开心的时候要喝，不开心的时候更要喝，会感到亲切和安慰。抹茶星冰乐制作很简单，我在星巴克观摩了几次，也就了解了大致的配料和做法。有的周末懒懒的在家不想出门，自己也可以做上一杯，很满足。”

急冻抹茶星冰乐

扫一扫看视频

材料准备

牛奶 250 毫升
糖粉 30 克
抹茶粉 10 克
冰块适量
奶油、干冰各适量

制作步骤

1. 牛奶、冰块倒入料理机，打成冰沙。
2. 再加入抹茶粉、糖粉，继续搅拌均匀。
3. 在杯子底部放入干冰，倒入打好的抹茶牛奶。
4. 最后在上面挤上奶油即可。

太阳喵语

干冰不可以直接触碰到人的皮肤，否则会使人冻伤。更不可以放入嘴里，家里有小朋友的一定要注意哦。当然，这个菜谱里不放干冰也没有关系哒。

西班牙冷汤

制作时间：20 分钟
食用人数：1 人份
难易度：★☆☆☆☆

作者的碎碎念 ■ 食谱来自『JuJu 的巴黎厨房』

“要说西班牙最有代表性的夏季家常菜就是清爽可口的西班牙冷汤了。把各种各样的蔬菜搅拌在一起，不仅口感清爽适合炎热的夏季，并且营养也非常丰富。”

材料准备

番茄 450 克
红椒 30 克
圆椒半个
黄瓜 1/5 个
洋葱 1/5 个
蒜粒 1/2 粒
面包 2 片
水 500 毫升
橄榄油 4 小勺
盐 1 小勺
醋 2 勺
黑胡椒 1 小勺
孜然粉少许

制作步骤

- 备好的面包切成丁。
- 部分面包丁放入预热至 200℃的烤箱内烤 12 分钟左右。
- 番茄、红椒、圆椒、黄瓜、洋葱均切成大块。
- 将蔬菜倒入搅拌机，再加入小块的面包。
- 放入橄榄油、盐、醋、黑胡椒、孜然粉。
- 倒入少许凉开水，搅拌。
- 倒入碗中，上面撒上烤好的面包丁即可。

太阳喵语

提到汤很多人都会和“热乎乎”联想在一起，不过这一道冷汤就最适合夏日了。早晨起来吃一些清爽的果蔬和面包，也不会给肠胃增加负担，况且做起来也非常方便。想瘦身的童鞋还可以去掉其中的橄榄油。快来享受这道轻食吧。

Chapter 7

早餐里的小技巧

为了能够开启元气满满的一天，
我们必须学会简单快速地制作早餐。
主食、奶类、蔬菜、水果、坚果，
轻松搞定一顿营养丰富的早餐！

如何“**快速地**”做出一份早餐

和大多数人一样，我早上的时间也是寸秒寸金，为了能多睡几分钟又能快速地做出一份早餐，我通常会有自己的小办法。

首先，准备工作一定要做充足。

许多早餐有个共同点：需要放入冰箱冷藏后才能食用，如隔夜燕麦、奇亚籽布丁、奶冻类等，这些菜头一天晚上做好放入冰箱冷藏，第二天早上拿出来就刚好可以吃了。

◆ 轻甜蓝莓派 ◆

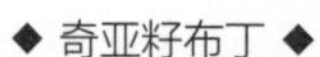

◆ 奇亚籽布丁 ◆

第二类早餐属于一部分材料是可以提前准备好的。比如做冷乌冬面的冷面汤或者米线中用到的高汤，都是可以提前熬煮放入冰箱保存的。若是早晨起来煮，估计凌晨三点就要爬起来了吧。还有比如夹在鸡蛋沙拉三明治里的鸡蛋沙拉，盖在担担面上的肉臊，都可以提前准备。这一类早餐的共同点便在于，把花费时间长的步骤提前做好，只要将食物密封好，都适合于放入冰箱保存，甚至很多食物还可以多做一些，比如多做一些鸡蛋沙拉，可以当做小菜，拌土豆泥，多出来的肉臊配米饭配粥都很合适，这样的例子太多，我就不赘述了。

◆ 鸡蛋沙拉三明治 ◆

◆ 日式冷乌冬面 ◆

◆ 电饭煲腊肠焖饭 ◆

第三类准备，便属于我们的未加工食材准备了。比如第二天早上要做蔬菜沙拉，那么前一天晚上我就会将要用到的蔬菜洗好处理好，打包放入冰箱，第二天早晨起来，很快就完成了。

除了提前准备，还要善用我们身边的很多工具。

电饭锅就是个很好的例子。现在的电饭锅很多都有提前预约的功能，如果我早上七点起床，七点半要开始做饭团，那么可以将煮好的时间预约在七点，早晨起来将煮好的米饭打开，稍凉一会儿到七点半就刚好可以包饭团了。

除此之外，电饭锅还可以在没有看守的情况下做出各种各样的早餐。早晨起来可以花10 分钟时间做出鸡蛋饼和酒酿窝蛋，至于腊肠焖饭，我想到了更快的方法，就是提前一晚就将米饭和腊肠等材料放入，预约在第二天的早餐时间煮好，那样的早餐岂不是花费时间为零。像电饭锅可以做出的这一类菜还有很多很多！

除此之外，微波炉的使用也能提高我们的做早餐效率。紫薯、红薯一类的食物，下锅煮或上锅蒸速度都很慢，从开始烧水到煮熟要花二三十分钟，然而用微波炉通常五六分钟就熟了。不过需要注意的是，用微波炉时可以把食物切成小块，让它熟得更快，或是包上保鲜膜有助于水分的流失。煮熟的粽子、馒头等食物放冰箱冷藏一晚后会变硬，撒一点水放微波炉加热也是很快的方法。

最后一点，当然也是很重要的，就是养成一个良好的厨房使用习惯。平时我自己家的厨房里，工具和食材归类放置都会很明确，每一次洗完碗之后，也一定要将炉灶、水池等打扫干净，这样在第二天做早餐时才不会手忙脚乱。一个厨房的井井有条也是一个好厨子的基本素质吧。

如何使你的“**早餐**”更加丰富

对我来说，一份营养丰富的早餐通常包括碳水主食、蛋白质还有水果蔬菜。

身体经过一整夜的糖分消耗，早餐需要吃些主食米面，以免造成起床后的低血糖和上午的工作吃力，所以，薯类、面条、面包、燕麦这一类食物在早晨是必不可少的。

如果家里有还在生长发育期间的小孩，蛋白质就是必不可少的了。在我小的时候，我爸妈让我吃的早餐经常会有鸡蛋和牛奶，虽然那时我并不是一个爱吃鸡蛋牛奶的小孩。

除此之外，蛋白质还有长时间饱腹的功能。而且摄入一些低脂的蛋白质不会发胖，如鸡胸肉、瘦牛肉、鸡蛋白等，这一点非常受健身人士和减肥人士的青睐。

水果蔬菜在早餐里可以帮助我们补充维生素和纤维素，打成果汁还可以当做早餐饮料，简单地切开来摆盘，颜色也会很丰富，吃起来也相对清爽，受到很多女性的喜爱。

所以早餐如何能够营养全面，而且看起来很丰富呢？比如，来自太阳猫早餐中的一份快速早餐，头一天晚上就用电饭煲预约在第二天早上煮好小米粥，早上起来只要搭配着煎一个鸡蛋，挖一碗西瓜球，这样一份快速的早餐就非常丰富了。

再比如，简单的拌蔬菜、烤鸡胸肉、烤红薯和柠檬茶，或者是隔夜燕麦和煎鸡蛋三明治，单独作为早餐都非常单调，但是如果整合起来就丰富多啦。

在这本书里，第一章节和第二章节介绍了很多适合于裹腹的主食早餐的做法，将它们搭上一些第三章介绍的小食，或者是第六章的饮品，比如芝士米饭糕配上水果奶昔，花边披萨搭配一碗胡萝卜浓汤。学会了这些，365 天早餐不重样都不是什么难事啦。

如何拍出你“**想要的**”早餐美图

拍摄时的光线与环境都非常重要。

在拍摄早餐时，用柔和的自然光是再好不过了，天气好的时候可以将食物放在户外或者靠窗的位置拍摄。当然如果在室内光线不好的情况下，可以用到灯光，拍摄出食物明亮的一面能更好地体现出食物的细节。

环境因素对照片也有决定性的作用。吃早餐的环境代表着一种生活状态，在拍摄时桌面上应该移除碍眼的的闲杂物品，并且选择有质感的桌面或铺上一条有特色的餐布进行搭配，这样离美图就又进了一大步了。除了好看的桌面以外，合适又百搭的餐具也可以作为照片里经常出现的摆件。每个人喜欢的风格不同，我就不在这里一一列举啦。

不是每个人都拥有专业的相机，大多数人在记录早餐时光时，都会将手机作为拍摄工具，而手机的像素和色彩并不一定让我们满意，这时候可以用上一些便捷的手机修图工具，简单地调个色、加个滤镜，转眼就达到了想要的效果。

所以，想要拍出唯美的早餐图片，拥有一份好的心情是第一步，用好心意做出的早餐才会动人，会让人安下心来，布置好餐桌上和今天的这一切。